零基础手绘完全**自学**教程

室内设计快速表现

曾海鹰　编著

曾哥手绘

Interior Design
Hand-painted Performance

机械工业出版社
CHINA MACHINE PRESS

快速手绘表现是在设计草图阶段和正式出计算机效果图之前作为设计沟通的重要手段。本书集中了作者在历年教学实践中所做的示例、学员的作品对比、教师的精细评图和对作品的修改与提升，期望通过海量的范例、直观的对比与分析点评让读者从零开始，迅速掌握手绘学习要点，在自学手绘的道路上少走弯路。

本书是景观设计、城市规划、建筑设计、室内设计等专业学生及相关从业人员的实用指导用书，同时对广大的手绘爱好者也具有极高的参考价值。

图书在版编目（CIP）数据

室内设计快速表现/曾海鹰编著. —北京：机械工业出版社，2015. 3
零基础手绘完全自学教程
ISBN 978-7-111-49208-5

Ⅰ.①室… Ⅱ.①曾… Ⅲ.①室内装饰设计—教材 Ⅳ.①TU238

中国版本图书馆CIP数据核字（2015）第010545号

机械工业出版社（北京市百万庄大街22号 邮政编码100037）
策划编辑：时 颂 责任编辑：时 颂
责任校对：肖 琳 封面设计：张 静
责任印制：乔 宇
北京画中画印刷有限公司印刷
2015年3月第1版第1次印刷
250mm×250mm·14印张·514千字
标准书号：ISBN 978-7-111-49208-5
定价：69.80元

凡购本书，如有缺页、倒页、脱页，由本社发行部调换

电话服务	网络服务
服务咨询热线：（010）88361066	机工官网：www.cmpbook.com
读者购书热线：（010）68326294	机工官博：weibo.com/cmp1952
（010）88379203	金书网：www.golden-book.com
封面无防伪标均为盗版	教育服务网：www.cmpedu.com

前　言

本次手绘书的编撰相比以往，除了图例数量有所增加外，在分类上也做了更多细化。就室内手绘而言，在家居与商业的两大体系之内又根据空间场所性质做了分门别类，其中相当一部分图例均附有原图照片以便于读者自行比对，还有很多图例（主要集中于商业空间部分）是为参加设计专业考试的学生做的示范，针对性十分明确。同时也希望能够为热爱设计、热爱手绘表现的朋友带来一些帮助和启示。欢迎同行朋友及广大读者从各自经验出发，对于书中不足之处批评指正并提出补充建议。

曾海鹰

目 录

第一章　基础篇

1.1 工具

快速手绘表现选择什么样的工具一直是很多初学者关注的问题。其实，工具仅仅是工具，无需太过计较。所谓“尺有所短，寸有所长”，想学好手绘，把注意力放在笔法及对于工具性能的体验和了解上更有意义。

1. 手绘线稿常用工具：针管笔、普通钢笔、美工笔、中性笔、尼龙笔、铅笔、水笔等都是常用的工具，普通且常见，并不是什么“特殊武器”。

2. 各种着色工具：

（1）马克笔：有油性、水性和酒精这三大类型，仅从类型名称上就可以知道这三种笔的区别。实际购买时如何区分呢？很简单，可以拔开笔盖直接放到鼻子下闻即可区分三者的不同：油性笔的气味特别冲，酒精类相信大家一闻便知（下图除左面两支为油性笔外其余均是酒精类的），水性则无味。就实用性及性价比而言，酒精类的马克笔更适合初学者。

（2）彩色铅笔：分为普通及水性两种，笔者个人比较偏爱使用水性，感觉比普通彩铅在使用时更柔和、附着力更强些。

3. 各种辅助工具：工具尺、修正液、白色笔、勾线笔和铅笔等。

4. 各种纸张：复印纸（以A3、A4幅面为主）、硫酸纸、绘图纸、铜版纸、色卡纸、牛皮薄纸和拷贝纸等。

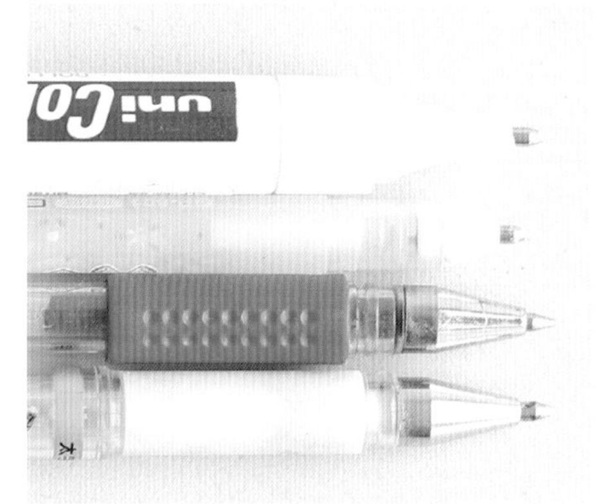

1.2　笔法及线条

千里之行始于足下。手绘学习的初始，笔法和线条的练习是必不可少的一个环节。所谓笔法，即运笔的方法。使用得当，一支笔可以作出几支笔的效果。

1. 笔法包括三大要素：速度、力度、角度。利用线和线的排列组合来表现形体的明暗、光影、虚实、空间感、立体感和层次感等，也可根据物体的不同质感而采用相应的线型以体现刚、柔、粗、细等的变化。

2. 线条的三种基本形态。

（1）运笔纠结、顿挫、反复的线条，在初学者的作品里经常会看到，实际作画时常用于形态、质感的表现。

（2）迅疾、飘忽、不收尾的线条，常用于表现虚拟形态，如光影轮廓、水景。

（3）起笔、运笔、收笔均有控制的线条，适用于结构表现，手绘学习到一定阶段时线条自然而然就呈现这种感觉。

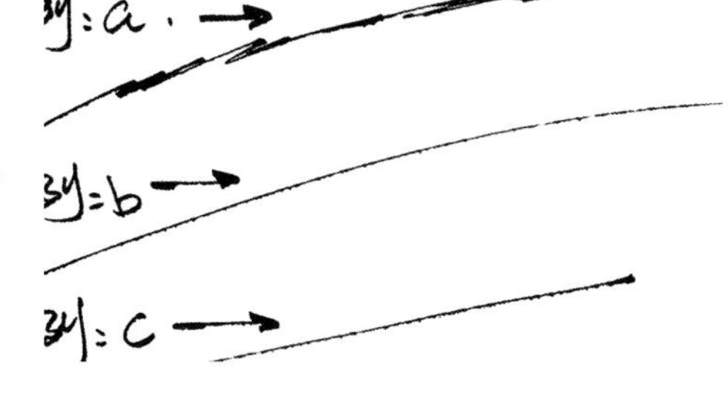

3. 除了笔法变化外，线条的交接组织形式也是影响画面效果的一个重要因素。图例中的三个方盒子就是以线条常见的三种不同组合形态绘制而成的，读者不妨自己感受一下。

（1）结构严谨，严丝密缝的高精组合，给人以严谨乃至呆板的印象。

（2）结构穿插、交错，类似于工地上的脚手架，为快速表现最为常见的形式。

（3）结构松散，互不交接，整体感觉松散。

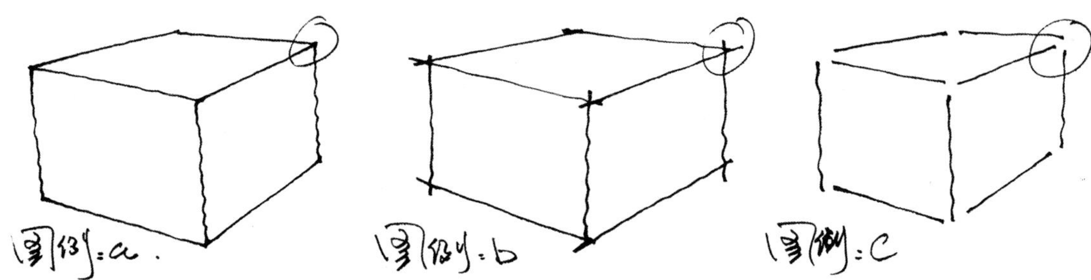

4. 笔法应用的几种变化，不同工具的应用实例。

（1）中性笔、针管笔等。

（2）马克笔：宽笔端在纸面上几种不同角度及速度变化应用图例。

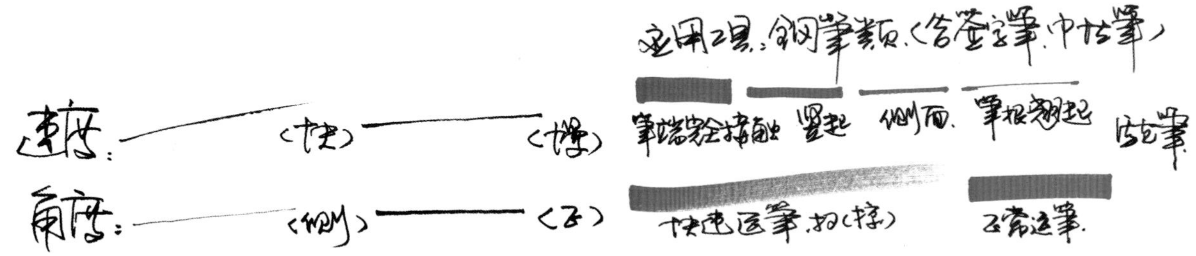

（3）彩铅：笔触粗放与细腻柔和兼备。彩铅的色彩可柔和交融过渡，这也是彩铅经常在手绘表现中和马克笔放在一起混合使用的重要原因。

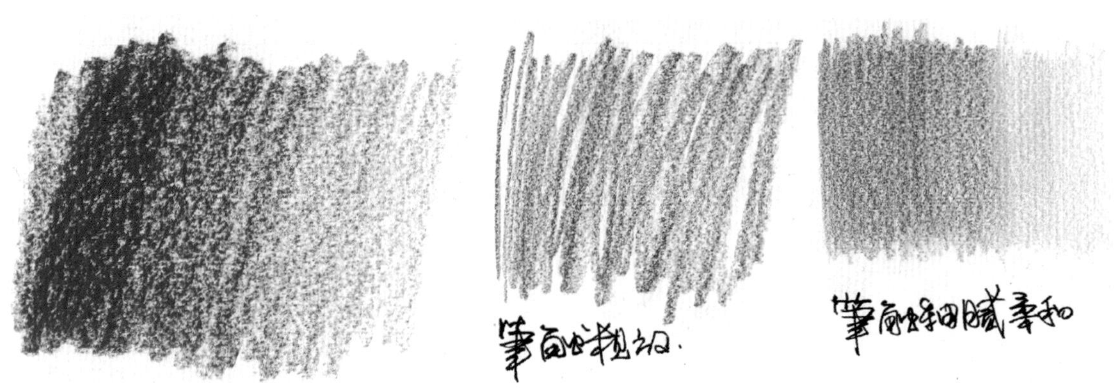

除了笔触的疏密间距排列，彩铅还可以通过控制力度的轻重做到色阶明度的柔和过渡。

除此之外，笔触的方向排列变化也是彩铅画在表现图中的一个重要因素，对于初学者来说有一个非常有效的方法可以在用彩铅画表现图时更具有控制力——统一笔触方向。

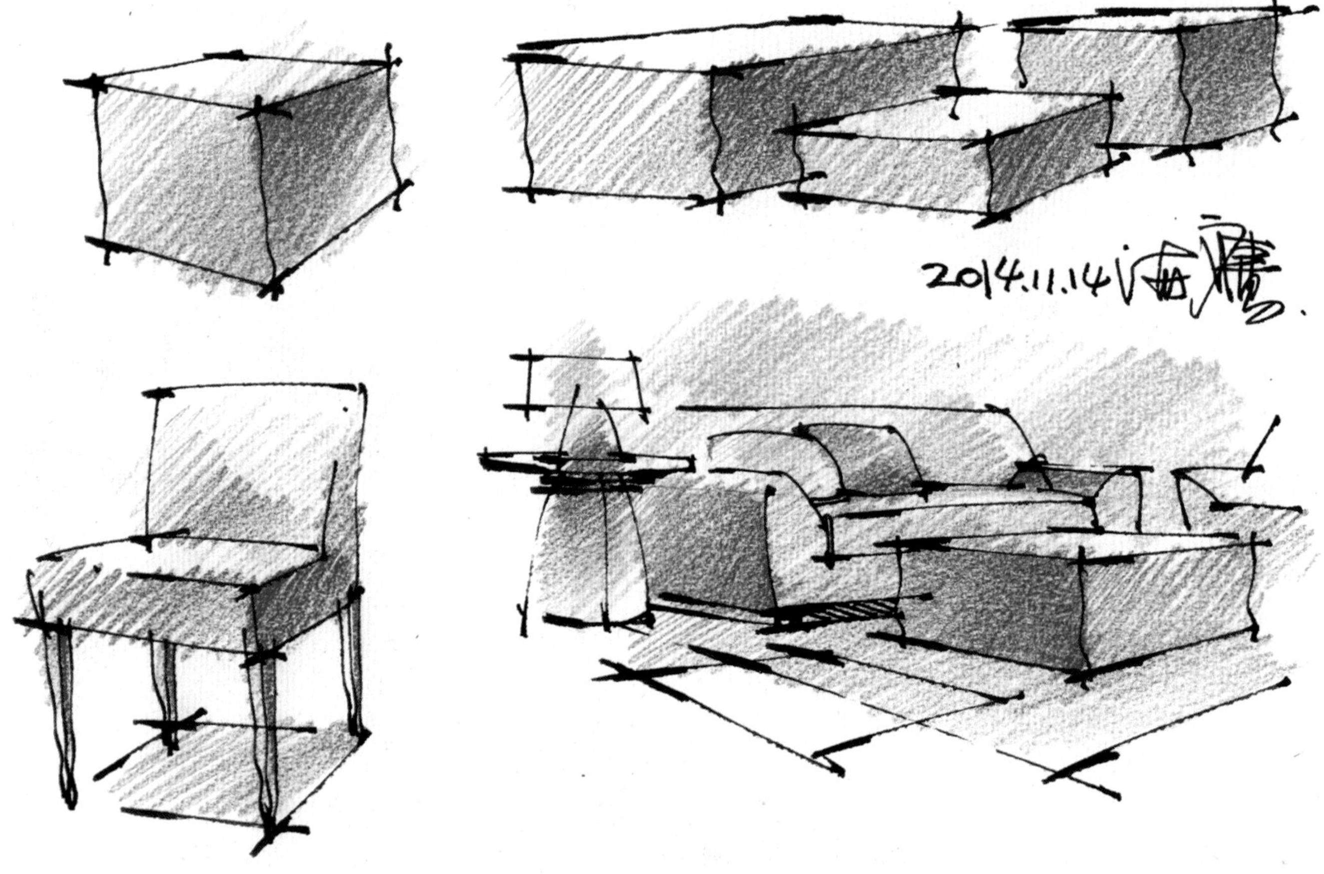

5. 线条练习。

快速表现的一大特点就是以线条作为画面构成的基本元素。无论什么题材，用简练的线条表现对象的形体结构，辅以简单的色彩铺陈，在有限的时间段内，充分完整地完成对于形象思维的表达。快速表现的初步就是从线条练习开始，笔法和线条的应用练习是提升手绘表现基础训练的一个重要环节。本部分中所选范例都是笔者根据照片绘制的，综合了结构（建筑、构筑物）和形态（植物、建筑肌理）变化两大类型的线条，就运笔状态而言，亦可粗分为理性（控制）和感性（自由）两种。相较于传统教科书中单纯的线条练习范例，笔者希望通过线条在实际中的运用，在丰富视觉观感的同时进一步加深初学者对于基本功训练重要性的认识。

书中所有范例步骤的展开过程均遵循由简到繁、循序渐进的规律，希望练习时加以注意。

范例1：通过线条排列自然形成边界形状

练习一

步骤一

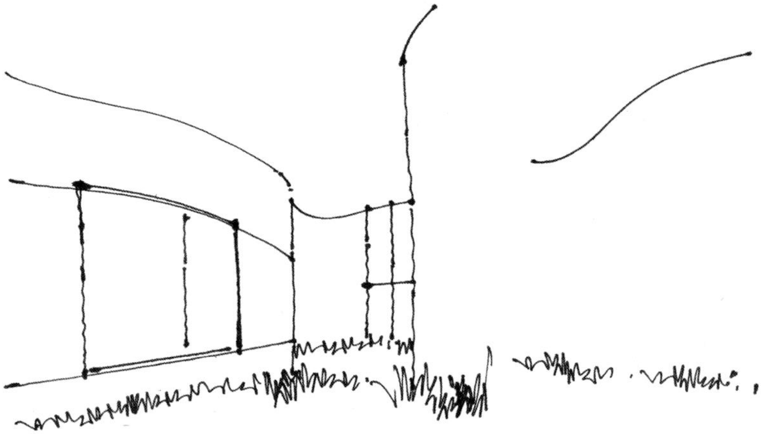

步骤二

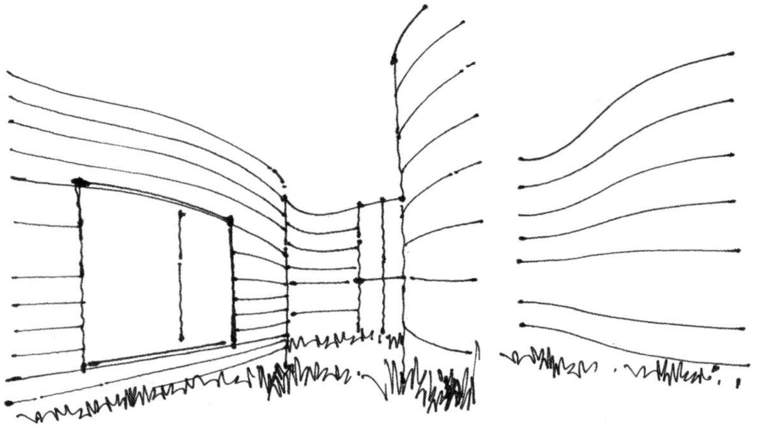

步骤三

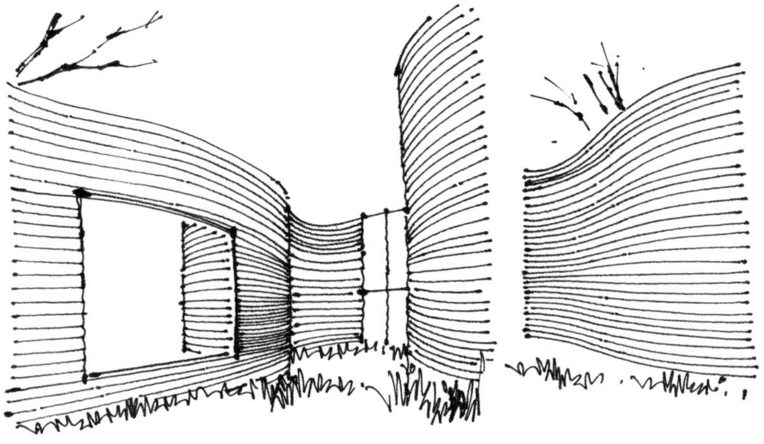

步骤四

练习二

步骤一

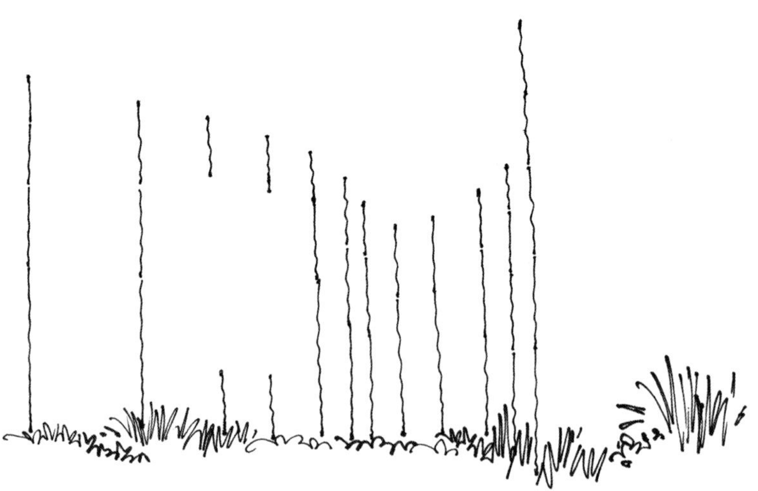

步骤二

步骤三

步骤四

范例2：线条练习之建筑系列组图

步骤一

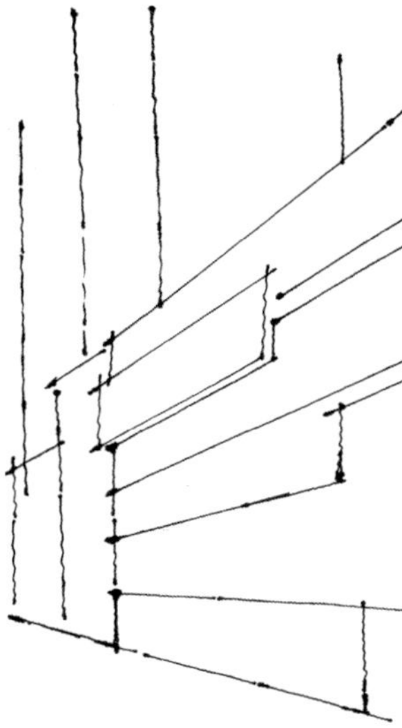

步骤二

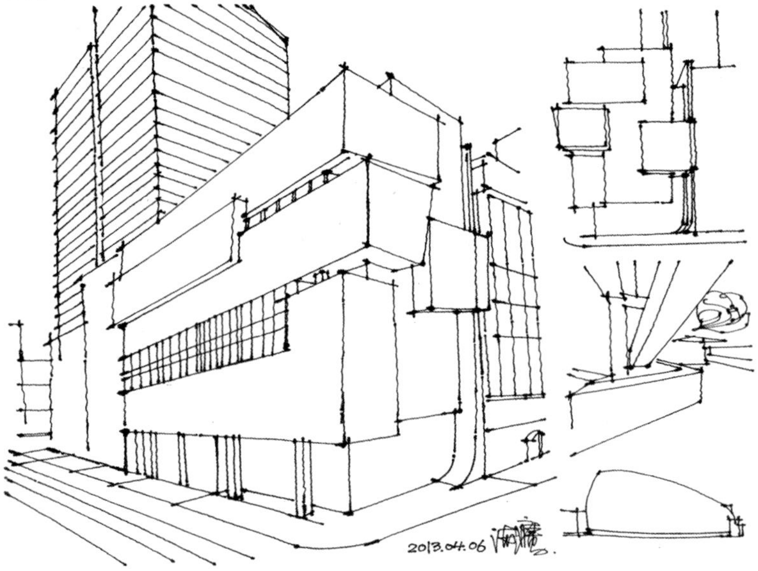

2013.04.06

步骤三

2013.04.06

范例3：笔者根据敦煌壁画手姿临摹，目的在于练习弧线。

题目要求：参照右边图例，完成左边图例。

练习要点：弧线的绘制重点在于气韵的通达顺畅，用笔时可适当借助手腕的摆幅，长条的弧线不必强求一气呵成，可以分段完成。形体结构的起承转合需谨慎处理。

敦煌壁画手姿系列1

敦煌壁画手姿系列2

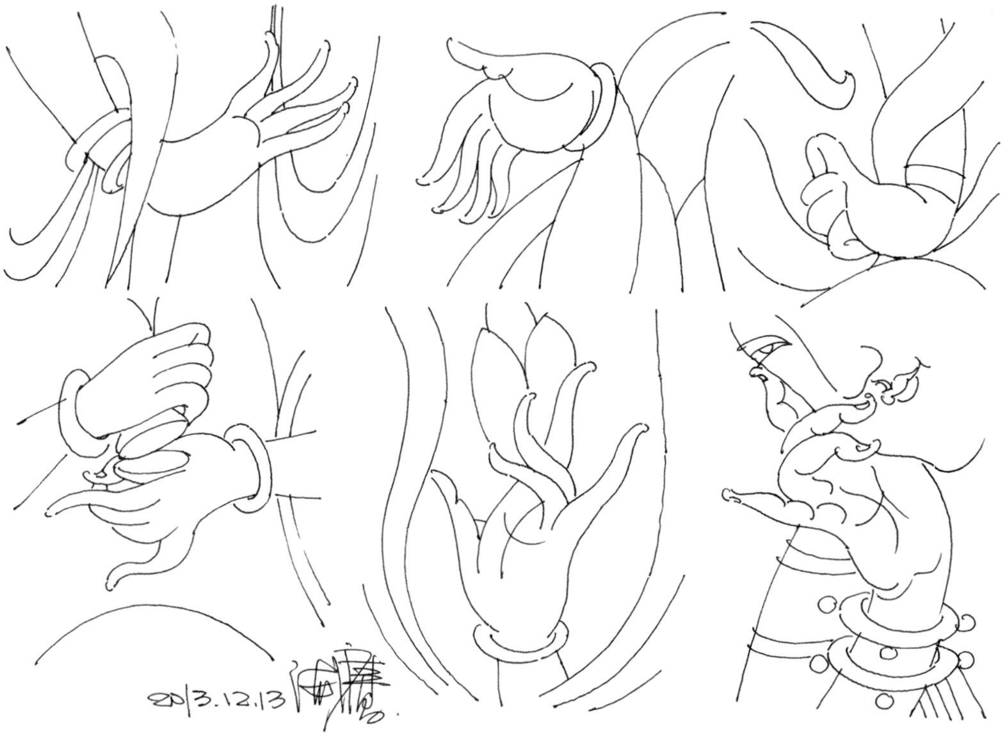

2013.12.13

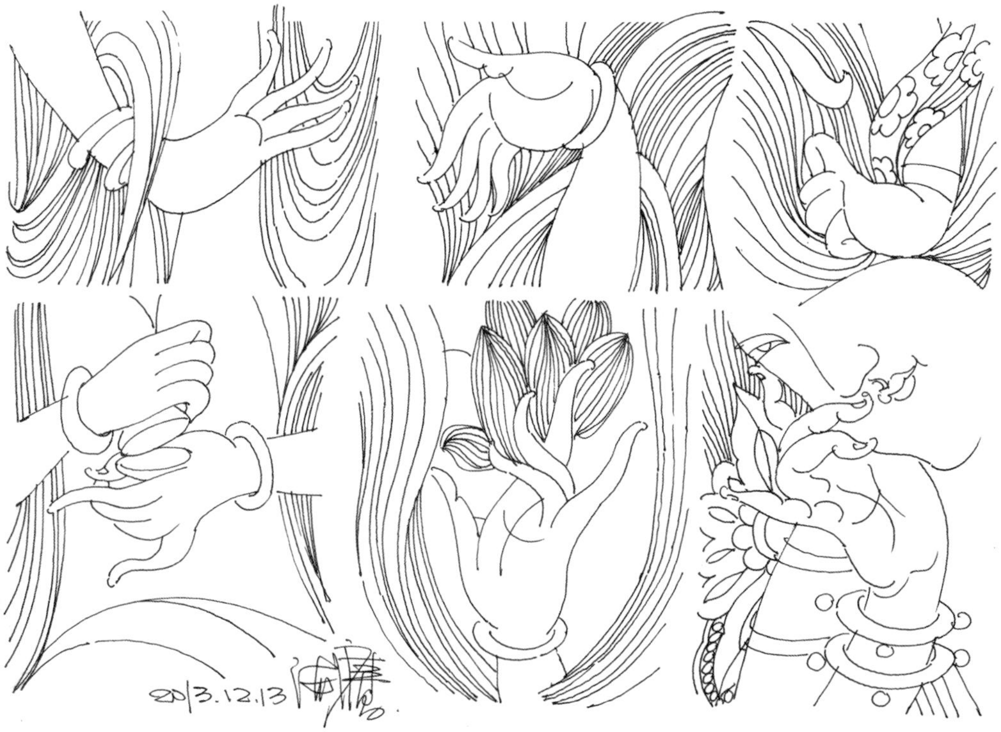

2013.12.13

敦煌壁画手姿系列3

敦煌壁画手姿系列4

敦煌壁画手姿系列5

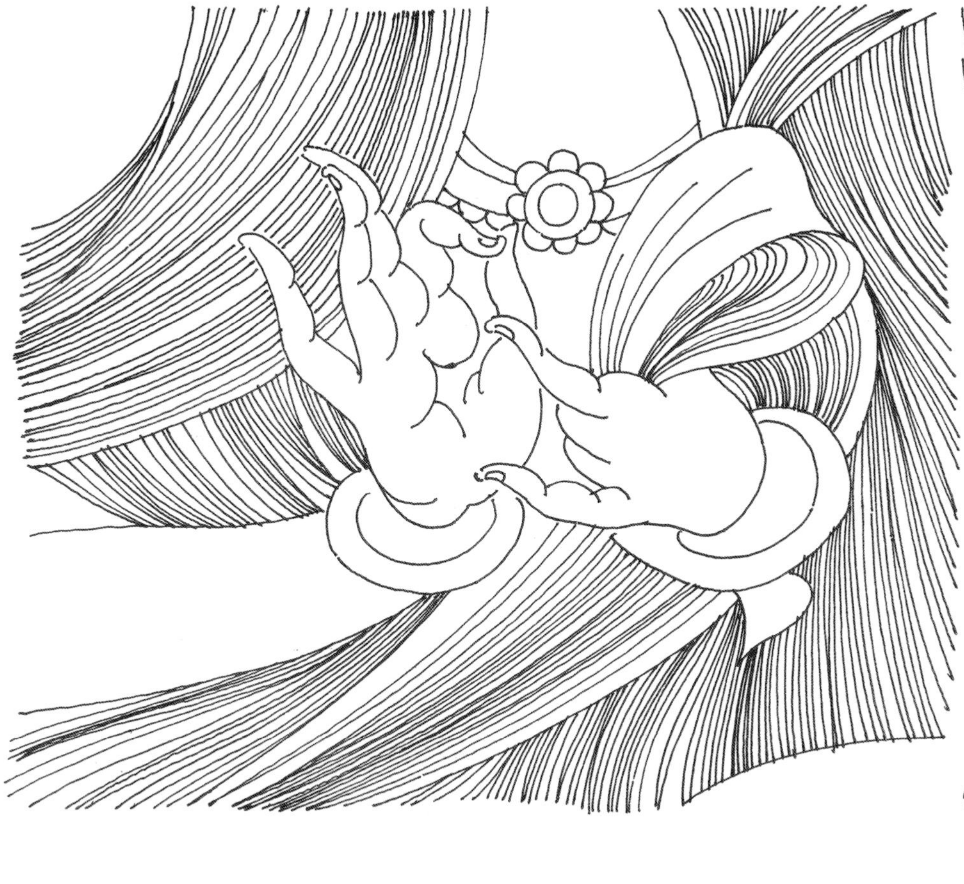

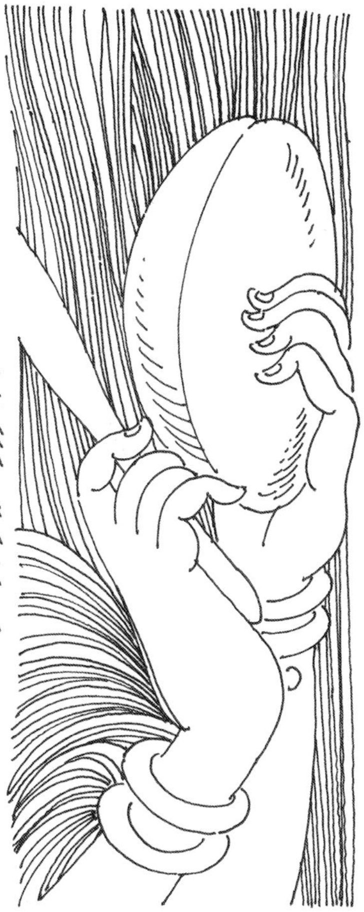

范例4：用直线绘制的景观场景构筑物

练习一

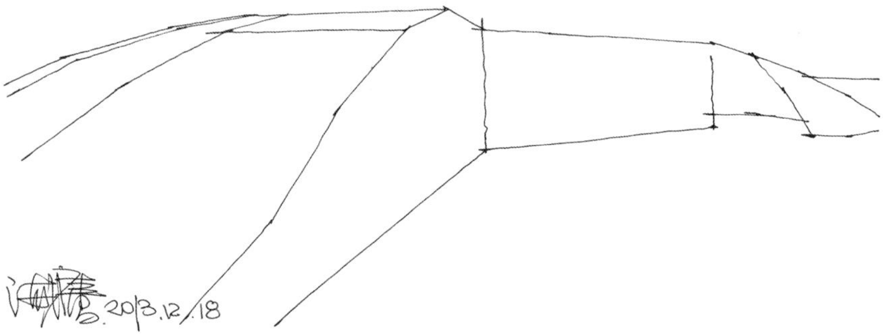

步骤一

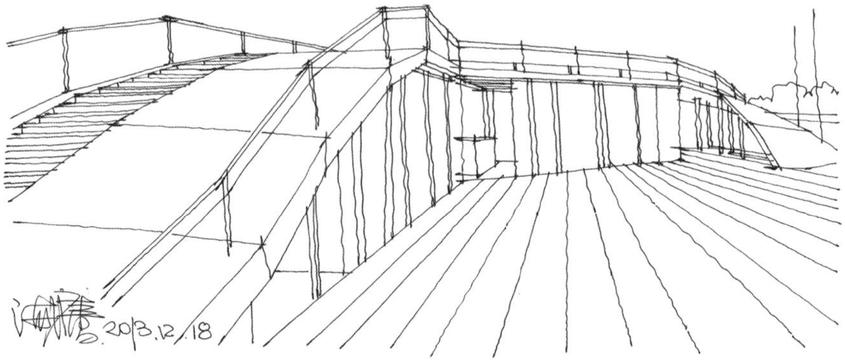

步骤二

步骤三

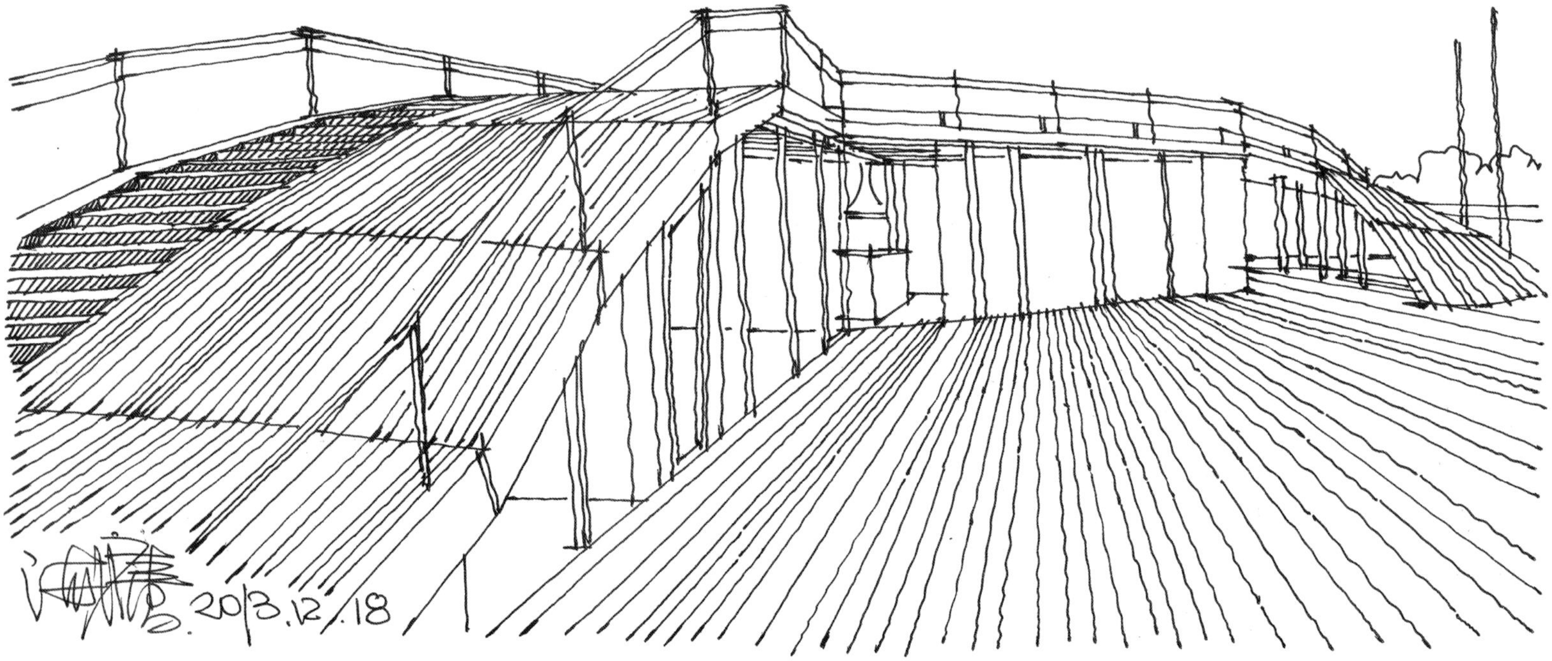

练习二

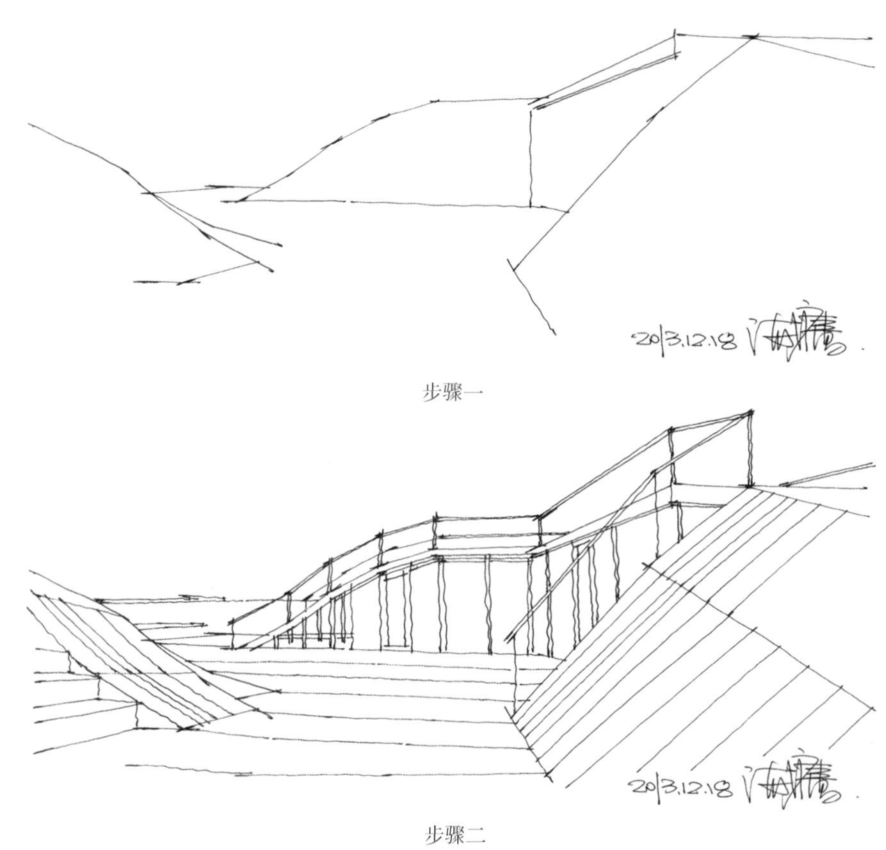

步骤一

步骤二

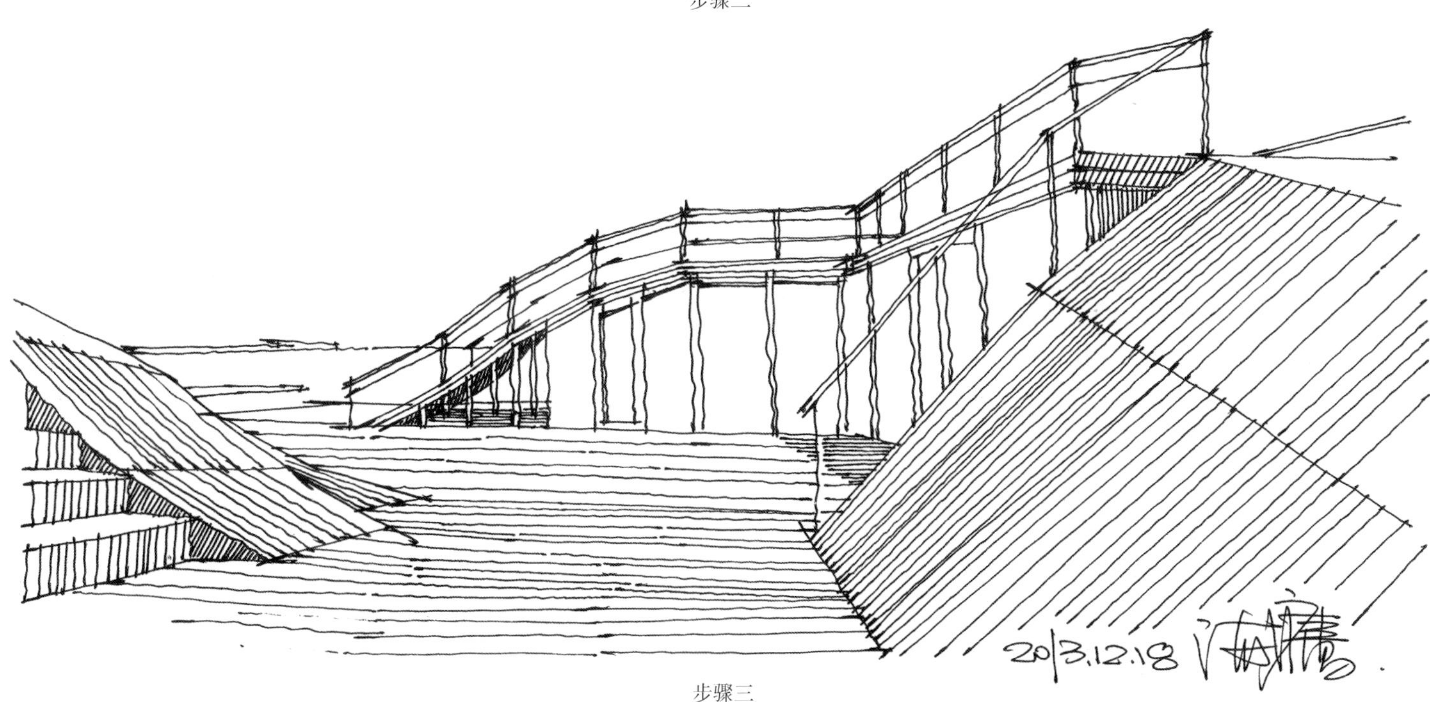

步骤三

范例5：照片临绘人物。重点关注毛发、皮草及腿部的线条处理。

步骤一

步骤二

步骤三

步骤四

范例6：参照网络照片画的速写。运笔活泼随性，重点强调手绘技法训练中感性的一面。

1.3　徒手透视

徒手透视的应用关键在于明确透视学习的目的——在二维平面上表现三维立体的感觉。它与平时上课所学的画法几何差别在于摒弃了后者冗长繁复的计算推理演化过程，汲取了透视现象中的三个基本要点：渐变（大小、虚实、明暗、曲直、粗细），层叠，视平线与顶底面之间随距离远近产生的视觉变化关系。徒手透视在实际应用中更注重主观感受的表达。下面的图例是笔者根据自己的经验绘制的一些增强透视感觉的练习，希望可以对大家的学习有所帮助。

练习题目：长方体分层示例、圆柱体分层示例、长方形梯变步骤示例、徒手画圆兼梯变步骤示例、九宫格正一点透视图例、各种异性梯变步骤示例。

题目要求：参照右边图例在左图做分层绘制。

关注要点：1. 各层面与视平线关系的明确表达。

2. 各种基本形大小渐变及凹凸关系表达。

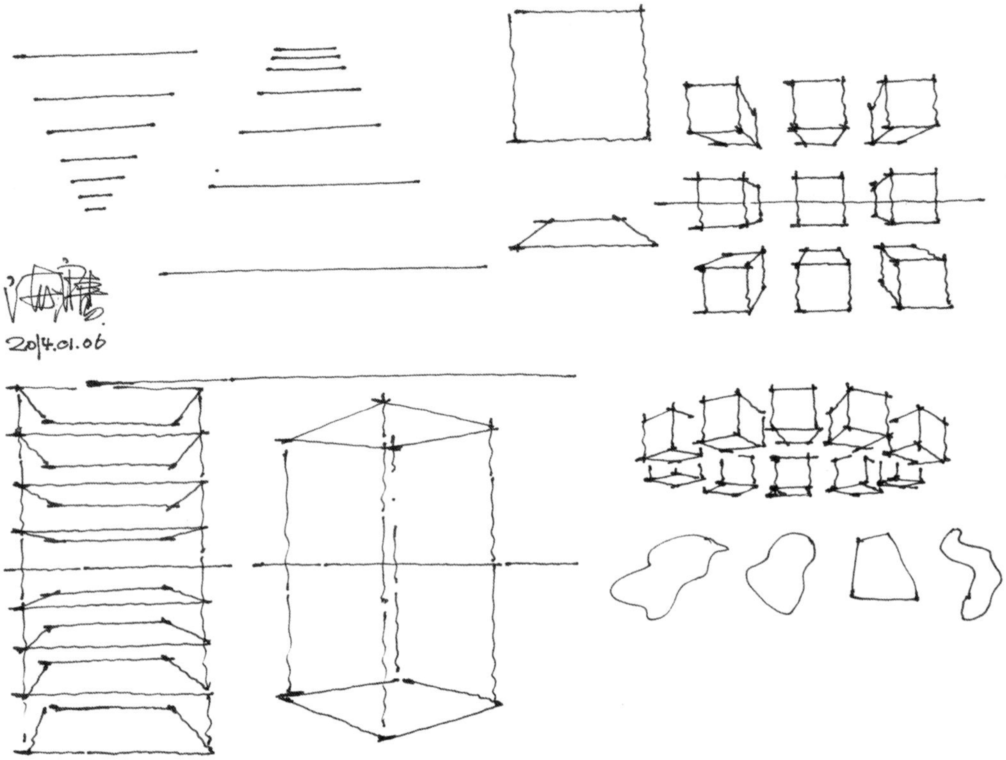

2014.01.06

步骤一

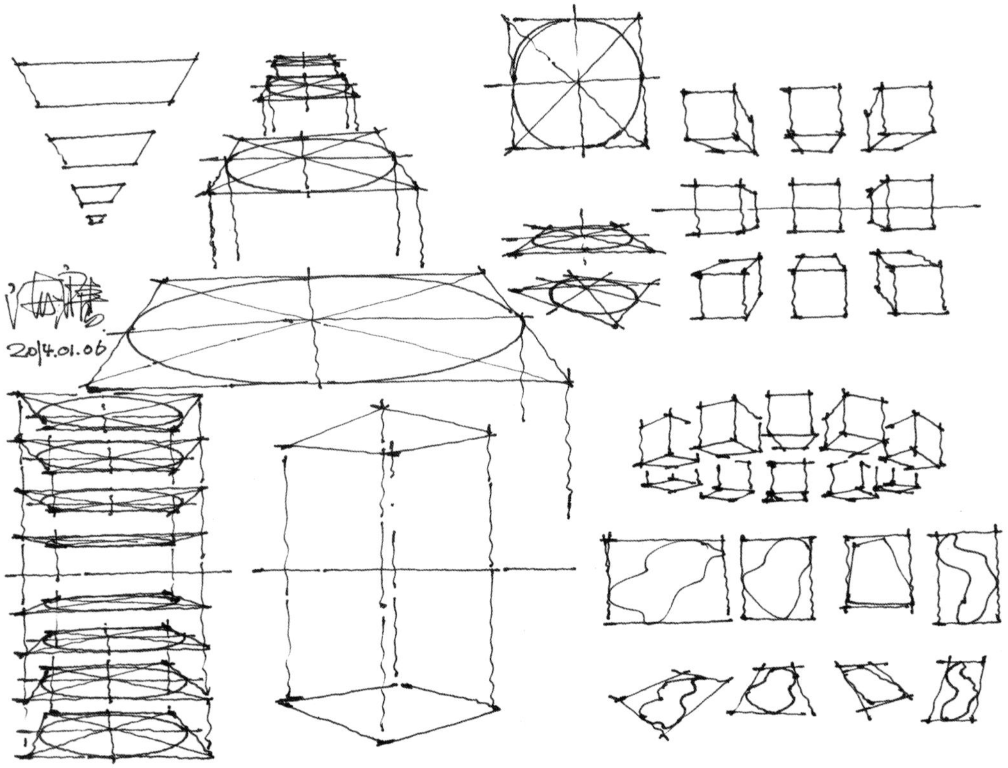

2014.01.06

步骤二

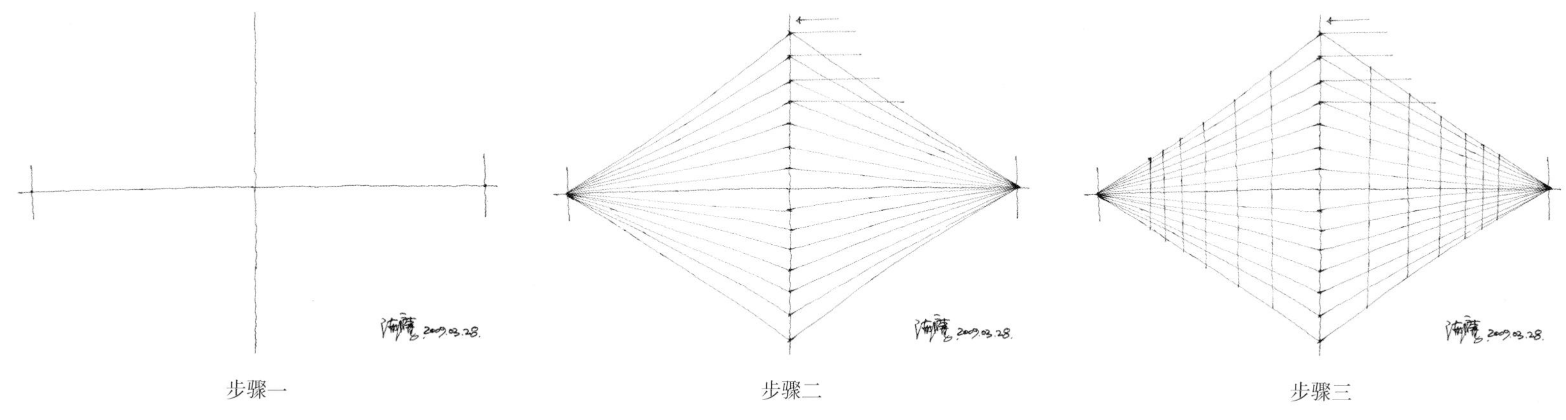

步骤一　　步骤二　　步骤三

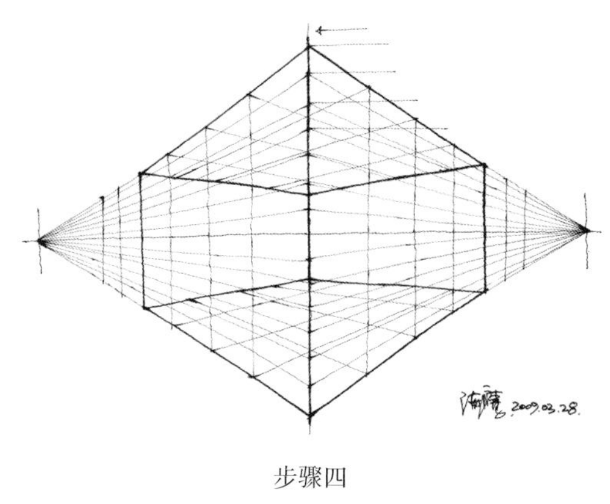

步骤四

练习题目：透视空间。设定视平线（水平线），从任意位置画等高线自由均分（间距自定），连接定点。注意看由此带来的图面变化。聚焦放射的线、形均能产生空间进深感。可尝试做这个作业：任意设计或创作某一个造型元素，以放射、聚焦的形态组合一个画面或场景。

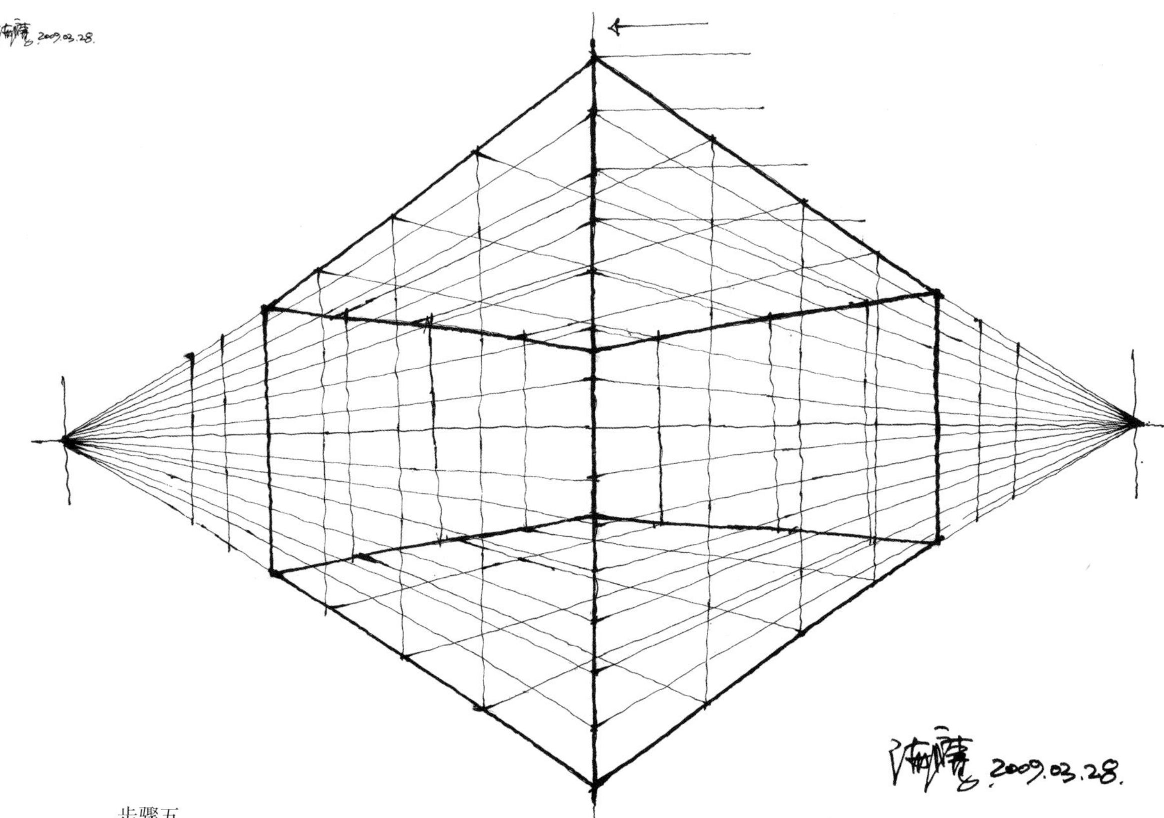

步骤五

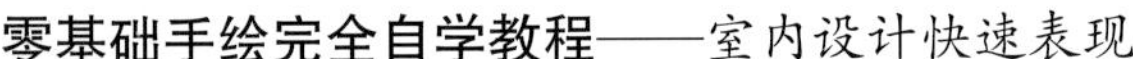

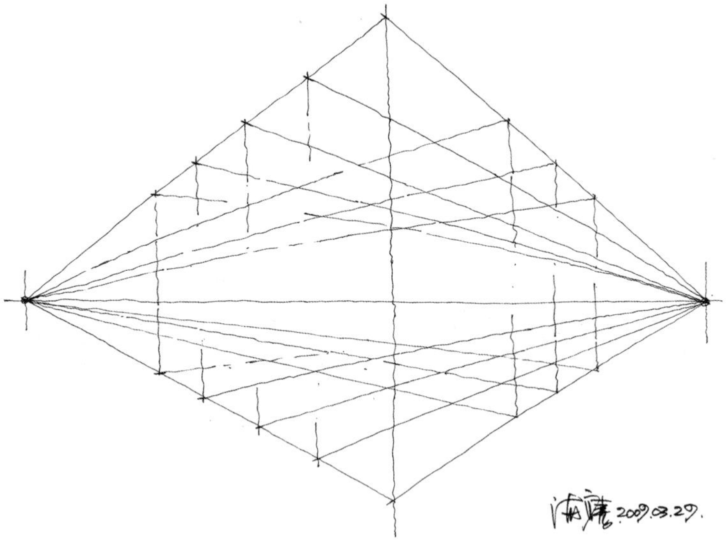

步骤一

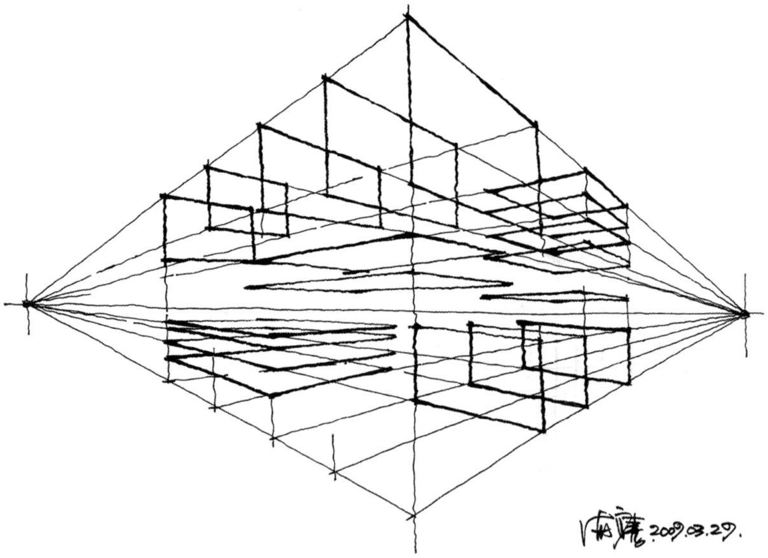

步骤二

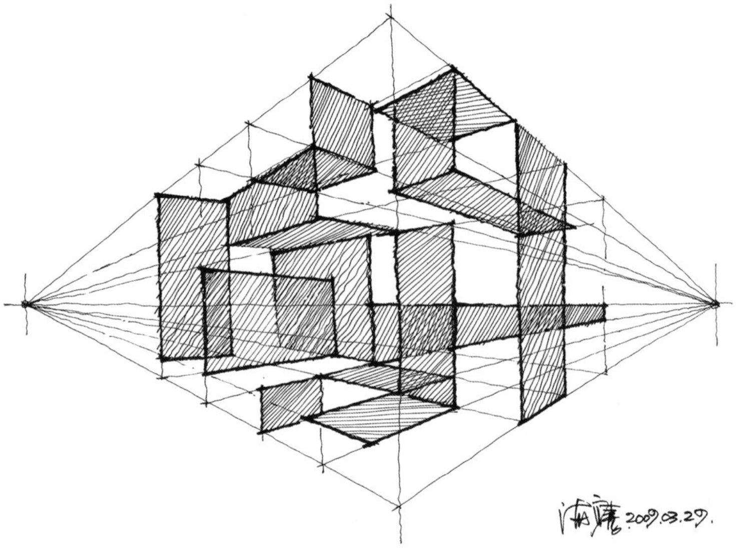

发散练习

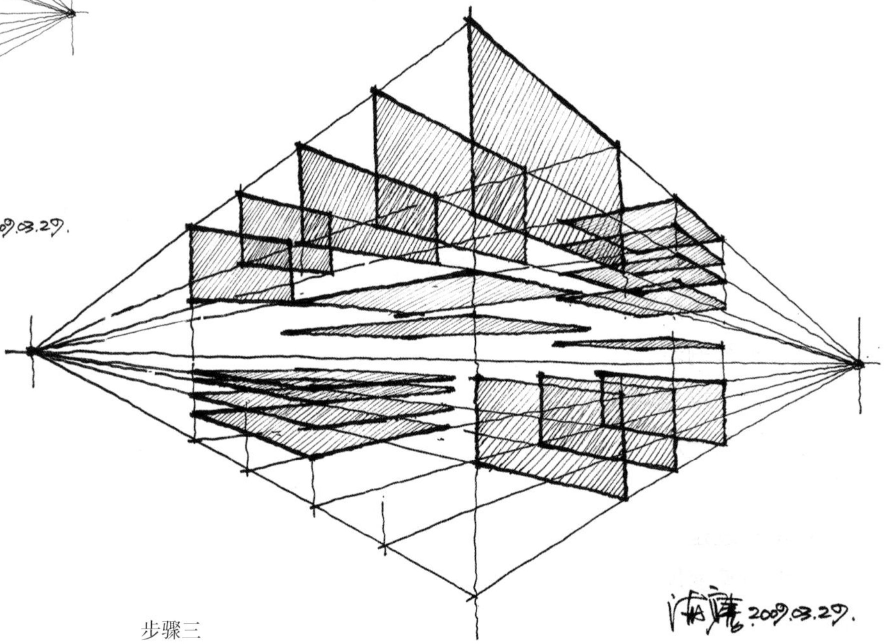

步骤三

练习题目：视平线与顶底面的关系。徒手透视学习与应用中最关键的一条，本部分中的每个练习都在反复强调这点。

练习一

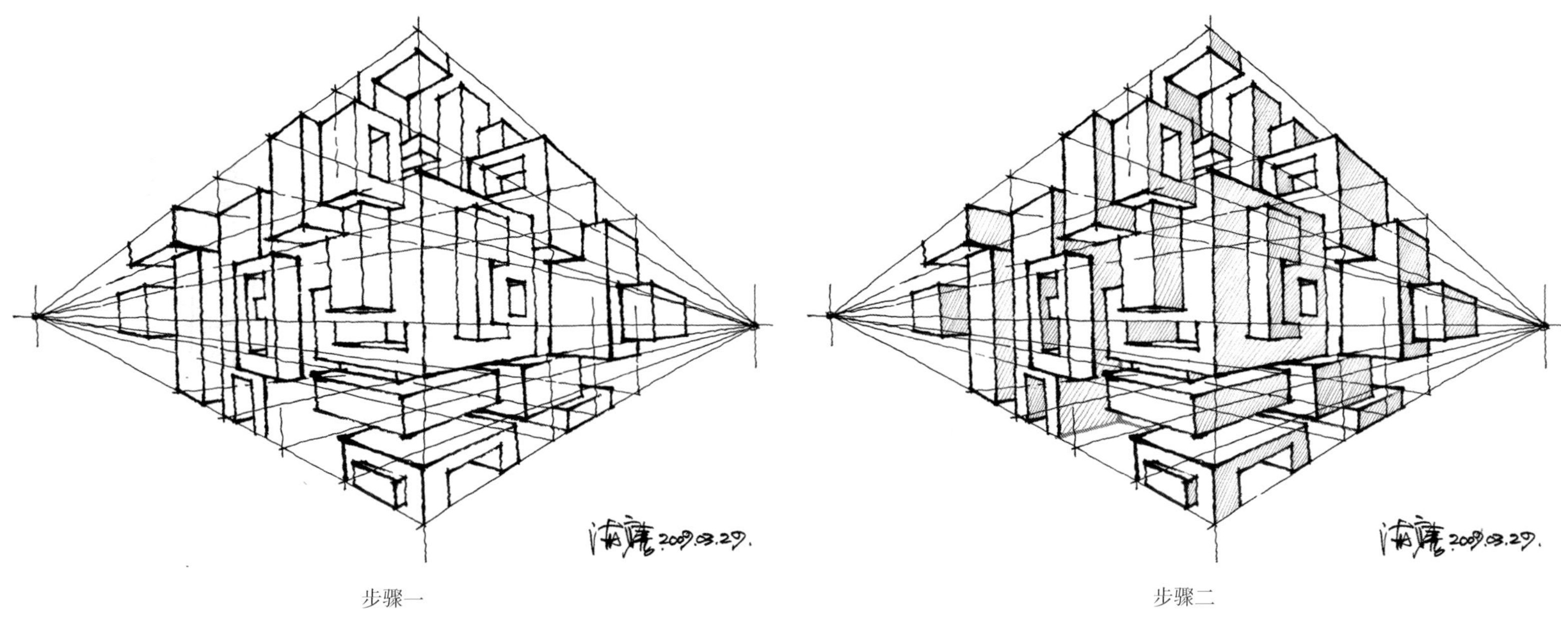

步骤一　　　　步骤二

练习题目：凹凸变化。不要被纷繁复杂的表象所困扰，只不过是一堆大小不等的立方体汇聚在一起罢了，把画面分解就可以理解所谓的凹凸变化不过是由一些基本图形的大小渐变所造成的视觉感受罢了。

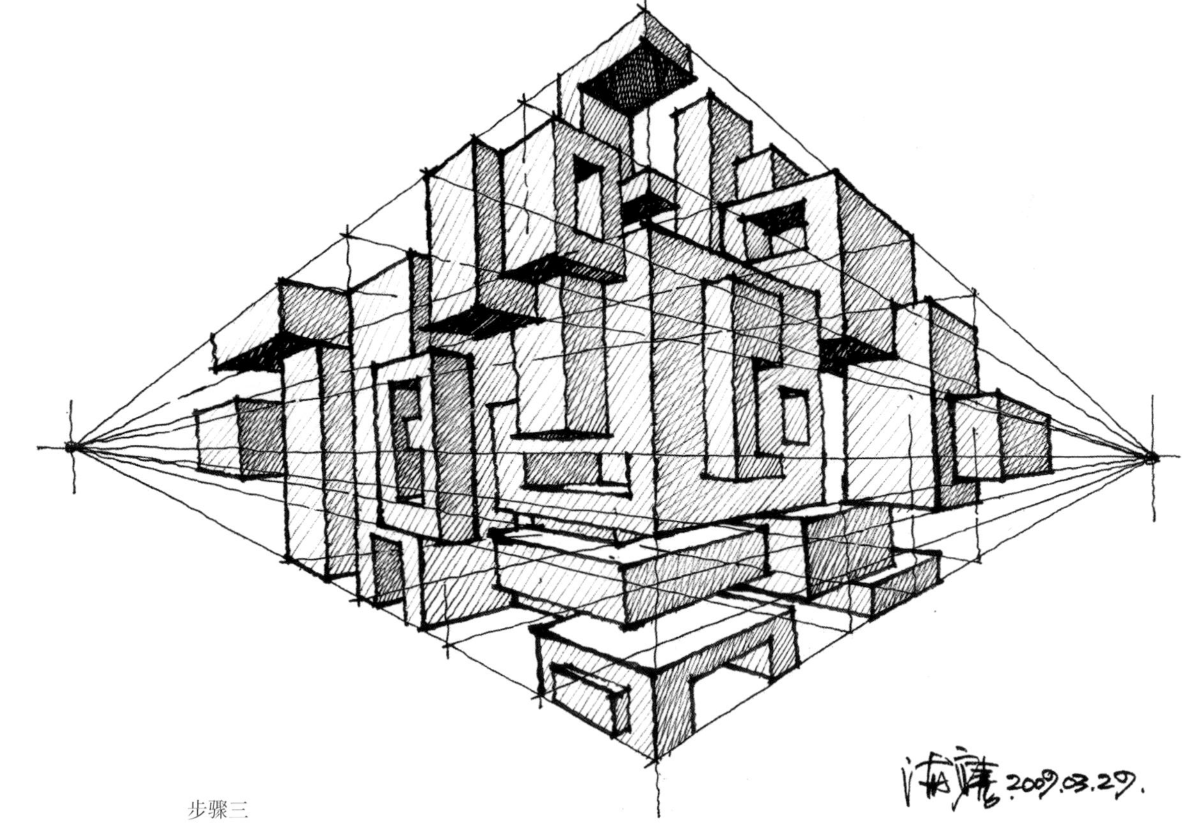

步骤三

练习二

步骤一

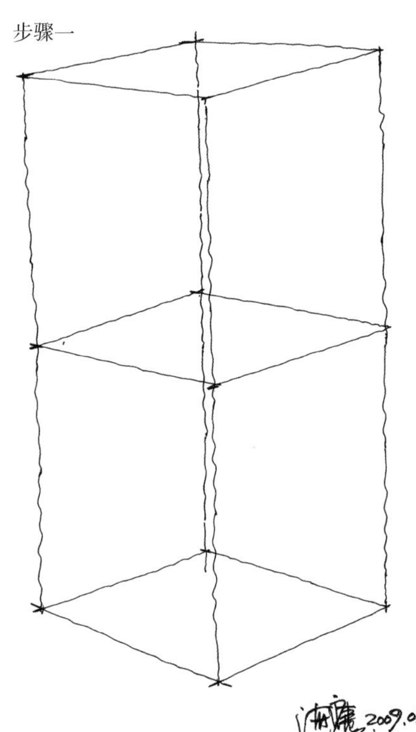

步骤二

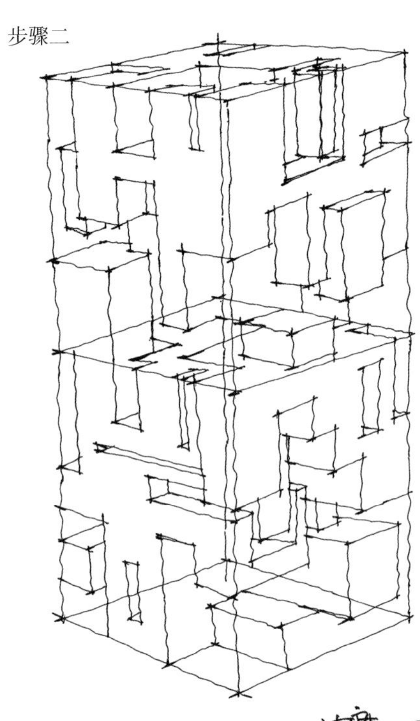

步骤三

步骤四

步骤五

练习三

步骤一

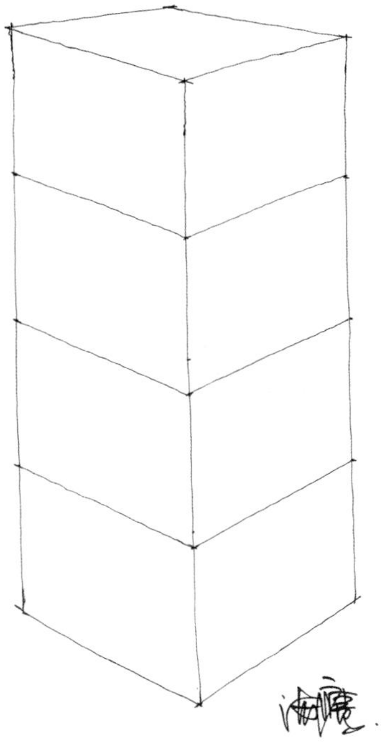

步骤二

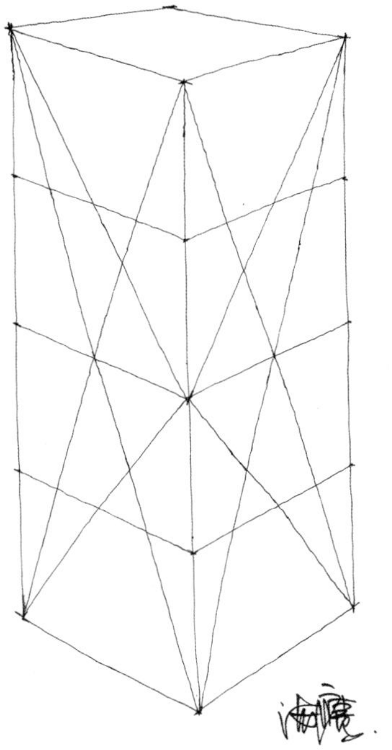

步骤三

步骤四

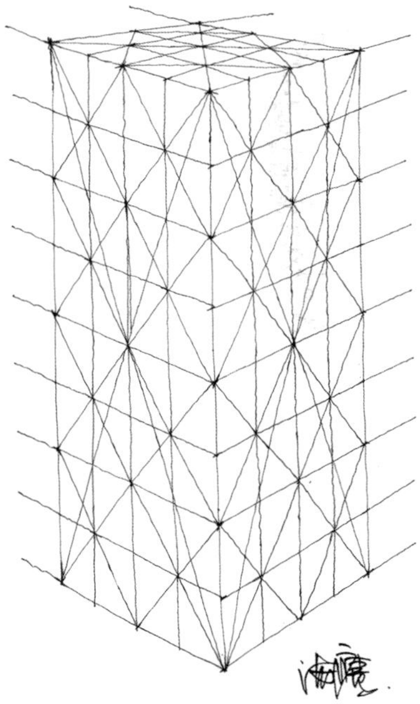

步骤五

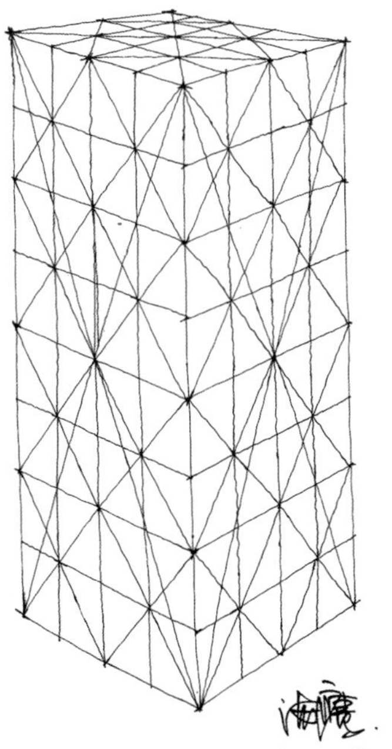

步骤六

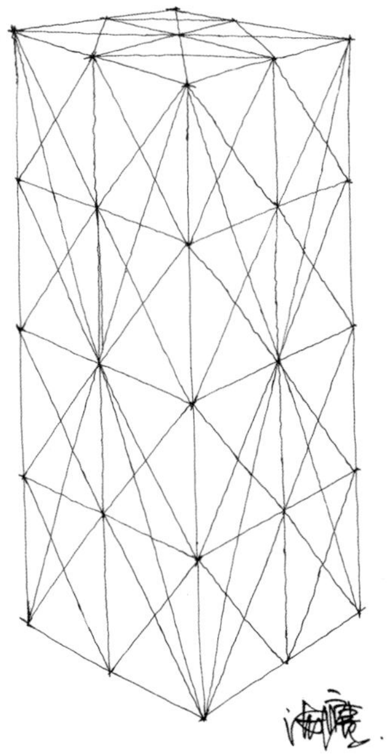

步骤七

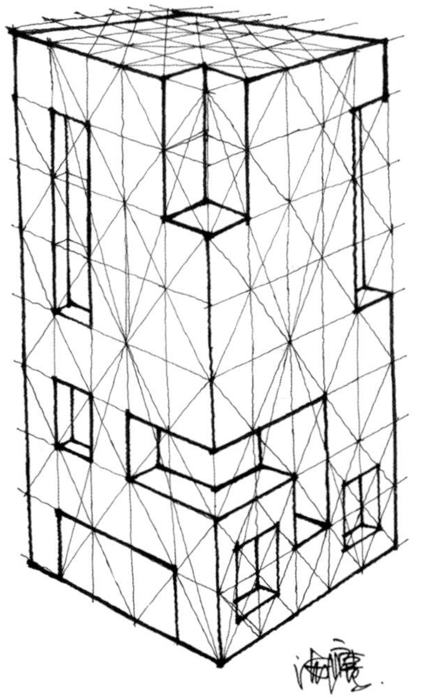

步骤八

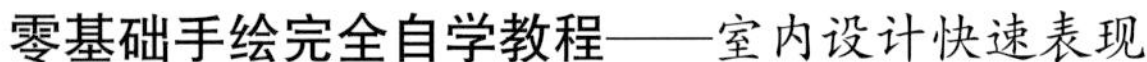

练习四

步骤一

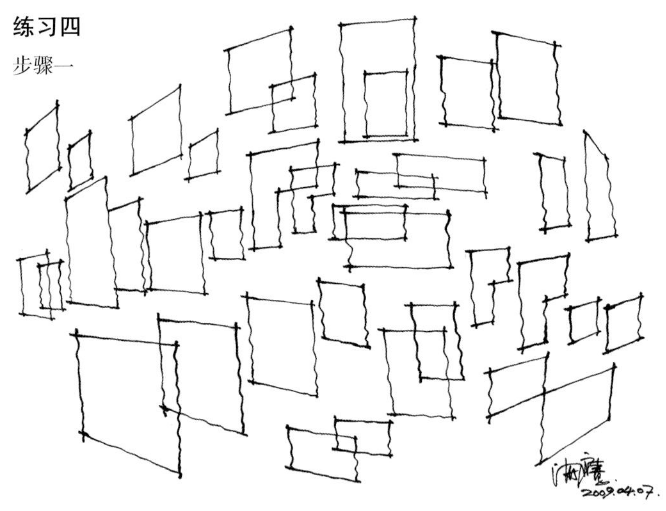

步骤二

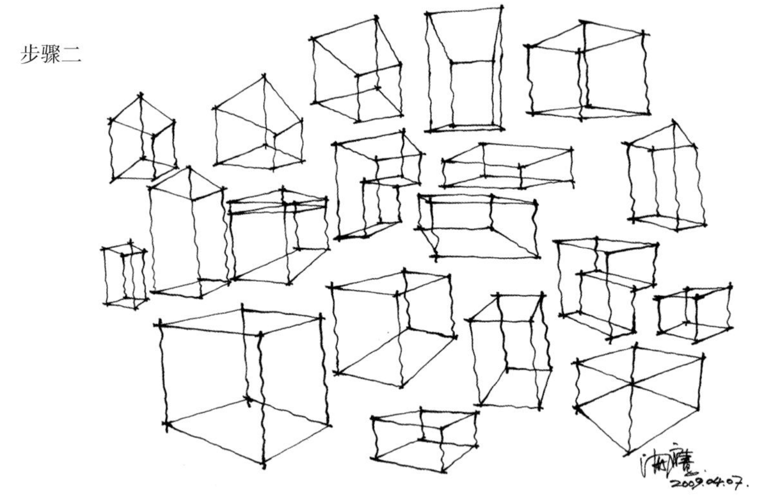

步骤三

步骤四

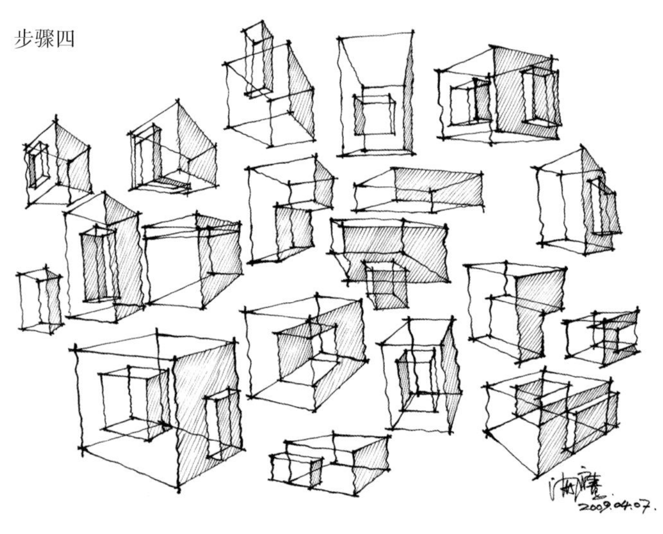

步骤五

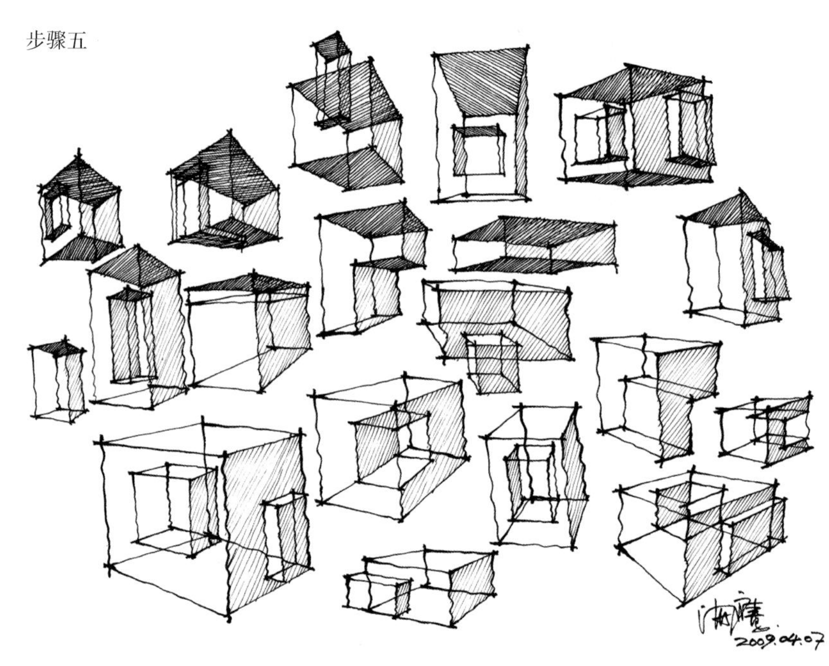

练习题目：组合体块的练习。相同图形大小渐变相连接形成了三维立体感，任意体面随视平线（视点）高低可产生的变化。

透视综合自测练习一

步骤一

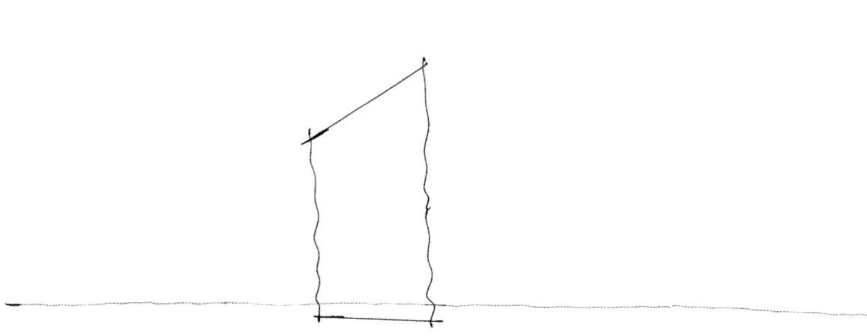

步骤二

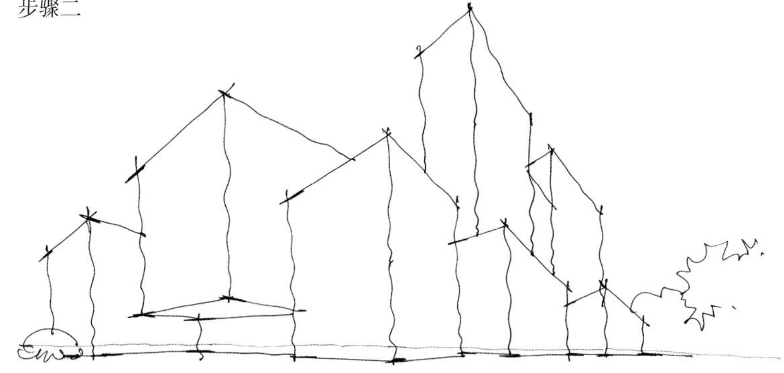

步骤三

步骤四

步骤五

透视综合自测练习二

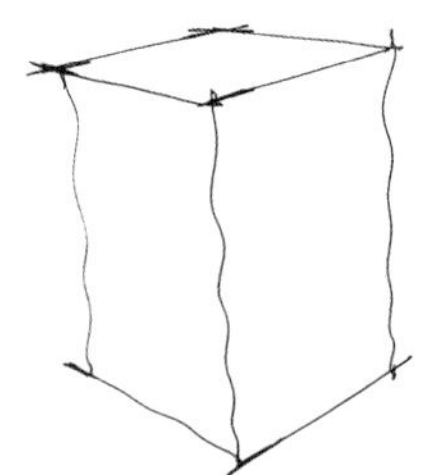

步骤一

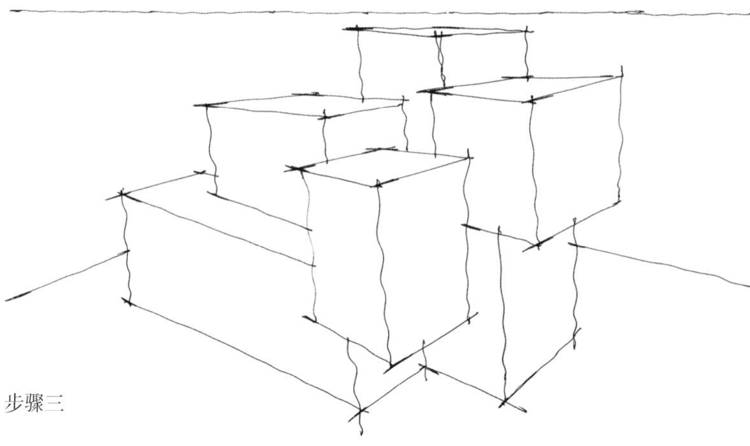

步骤三

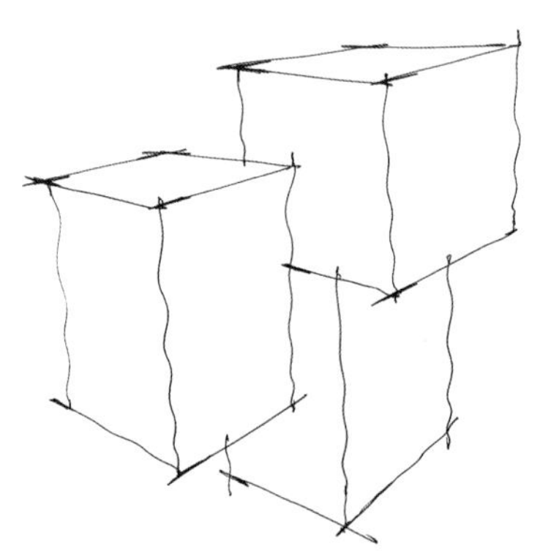

步骤二

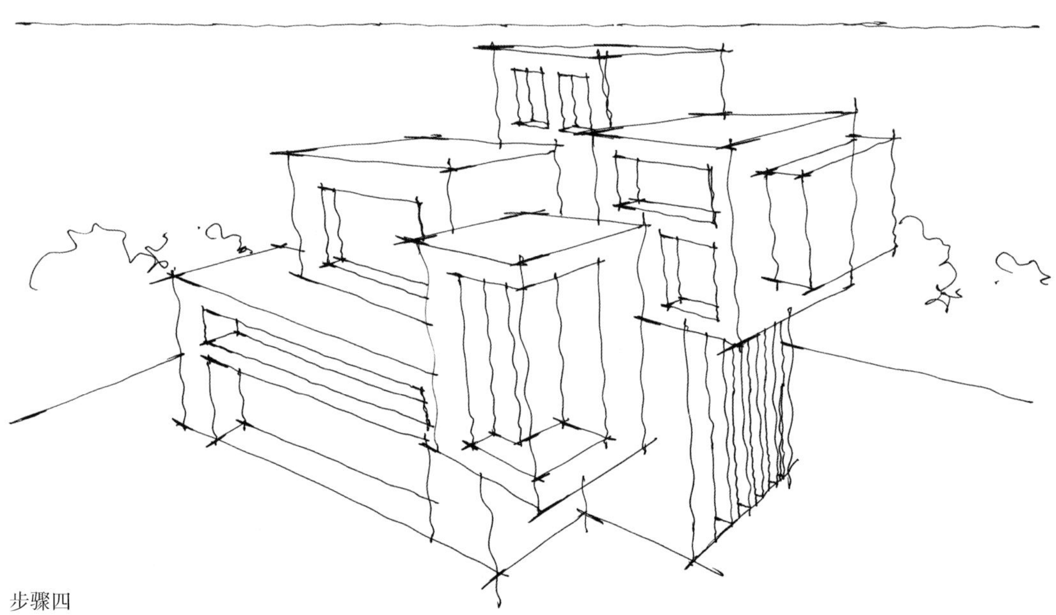

步骤四

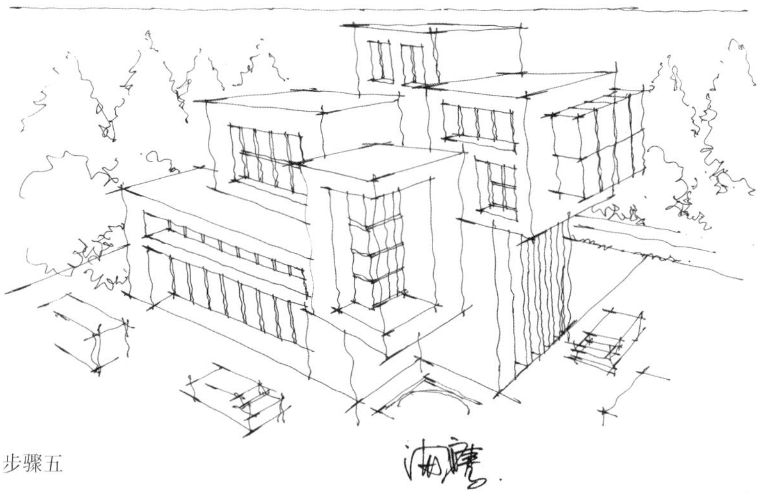

步骤五

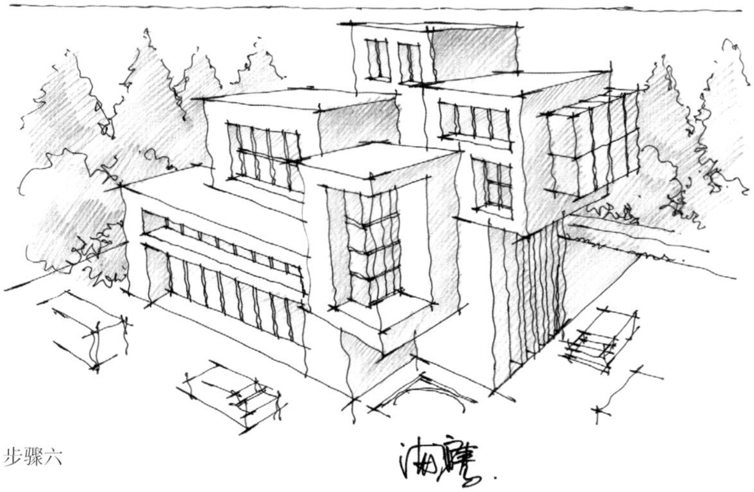

步骤六

步骤七

小测验

检验徒手透视学习成果的一个小练习，步骤如下：任选一张纸（A3，A4均可）横向放置，在纸上（垂直距离）约1/4或1/5处，画出视平线（为便于辨识及最后的检验，视平线可用有色笔画出）。在中心位置任意画一图形，图形底边贴近视平线，由此图形向外发散画一整组图形，数量多寡不限，可在图形里做多种变化，切割分层、穿凿堆叠、层叠、遮挡，完成后再自行检验（以视平线为参照）。

1.4 素材肌理

1. 植物练习图例

（1）灌木，乔木的画法。

步骤一：用轻快的笔法勾勒出基本形。

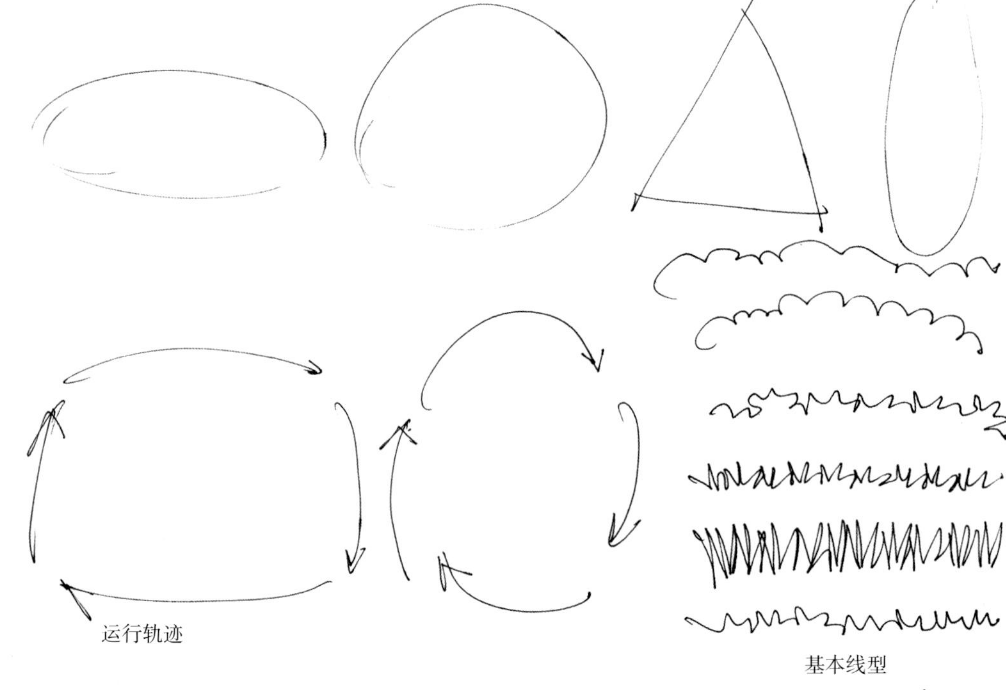

步骤二：沿基本形勾勒基本线型。

（2）棕榈类树木的画法。

步骤一：用轻快的笔法勾勒出骨架线。

步骤二：沿骨架线勾勒基本线型。

（3）植物练习图例参考。

2. 素材肌理填充练习

关注要点：界面转折交界处的处理。

练习一

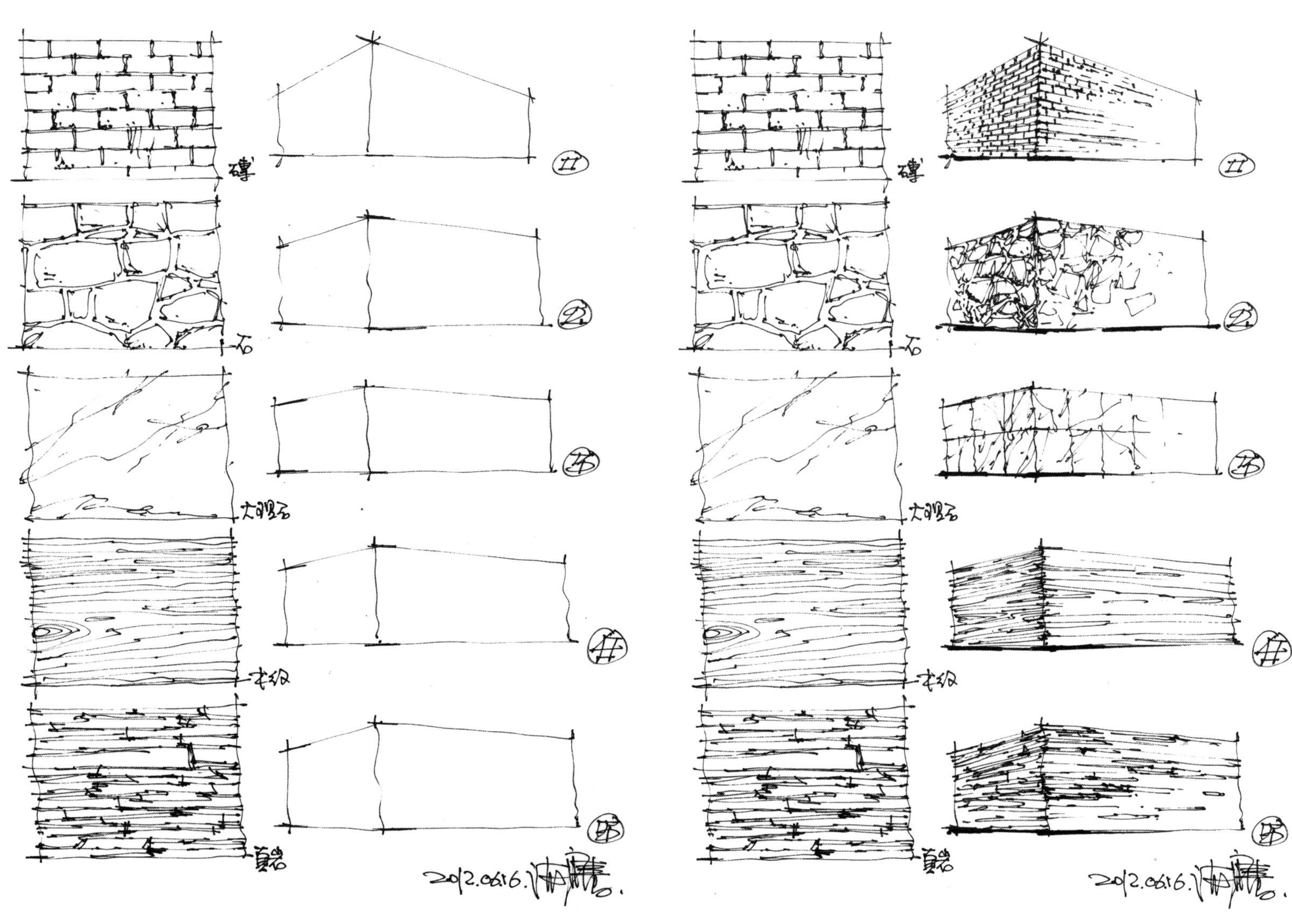

步骤一　　　　步骤二

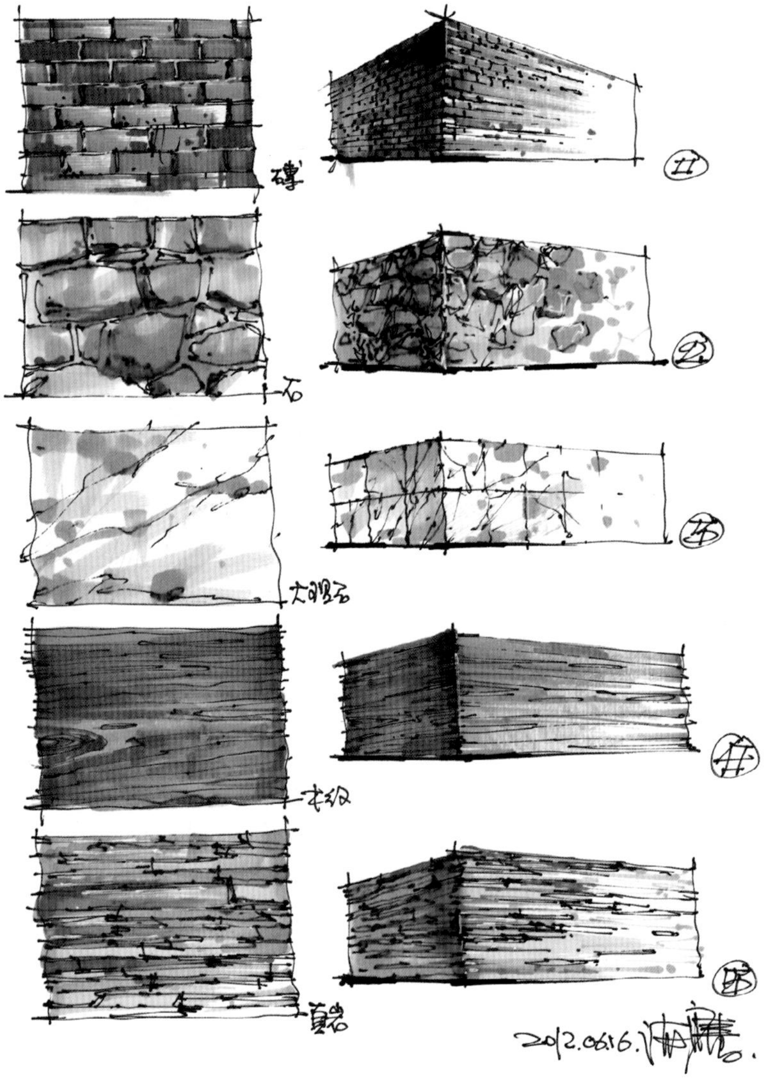

练习二

步骤三

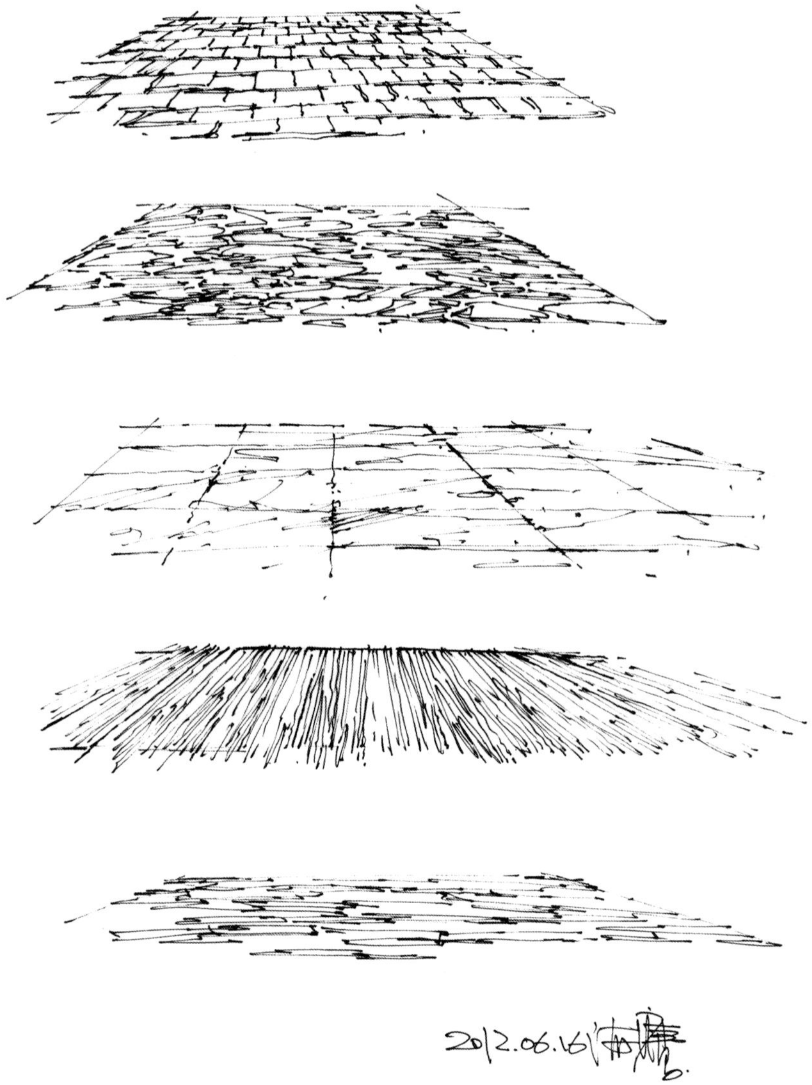

练习三

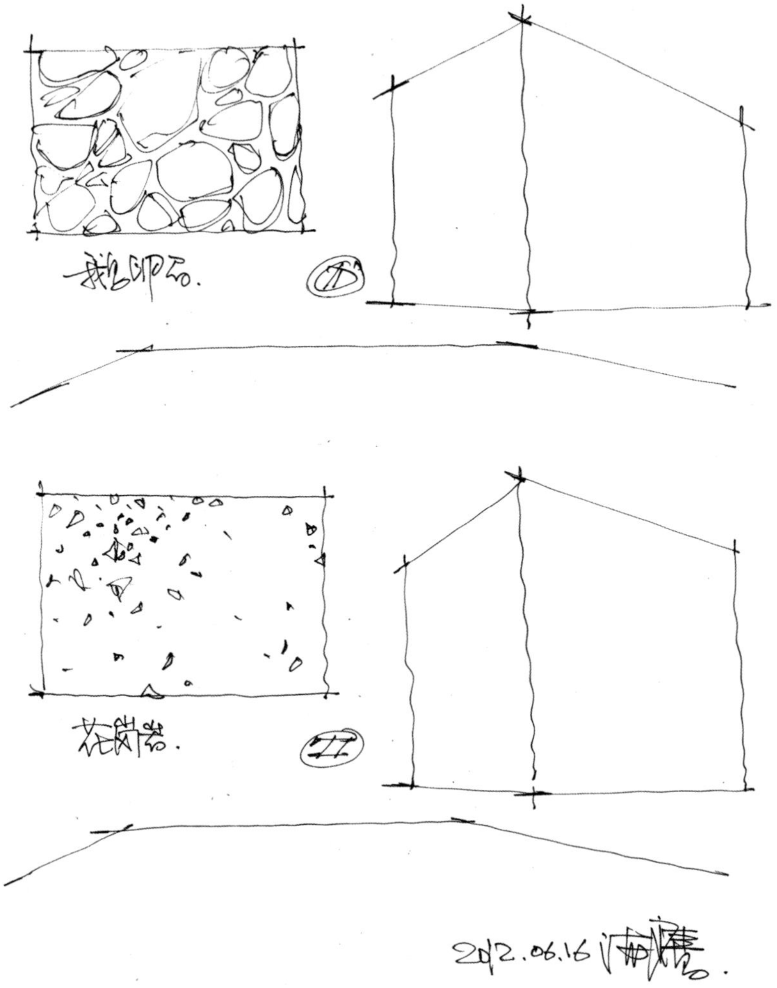

步骤一

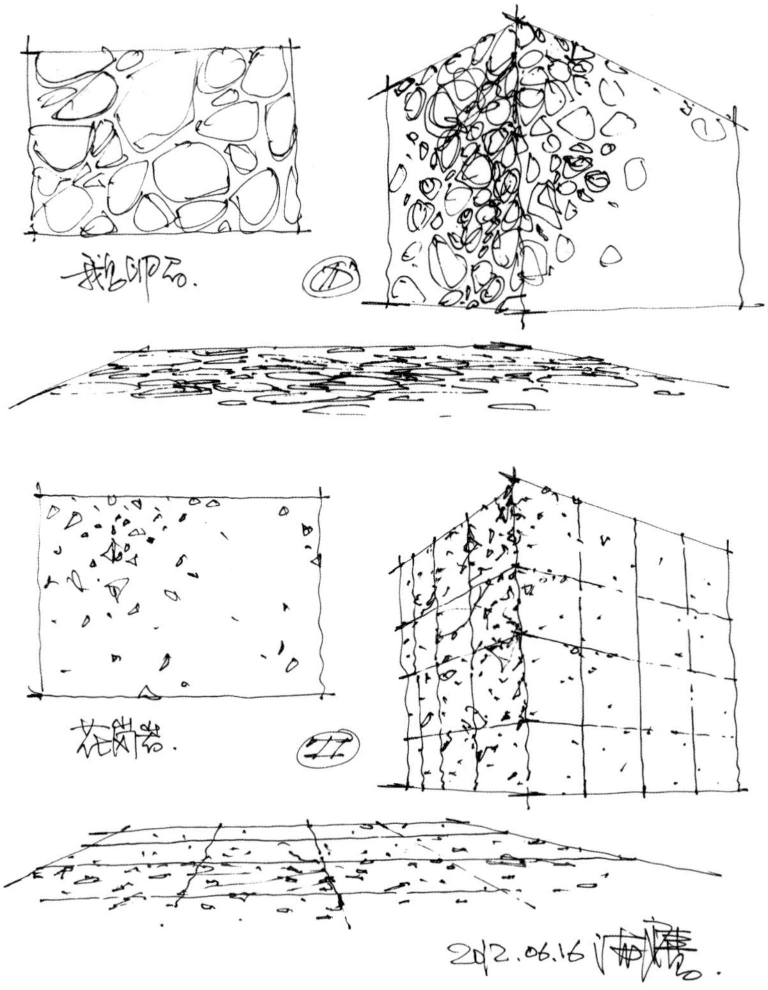

步骤二

素材肌理图例1

本纹 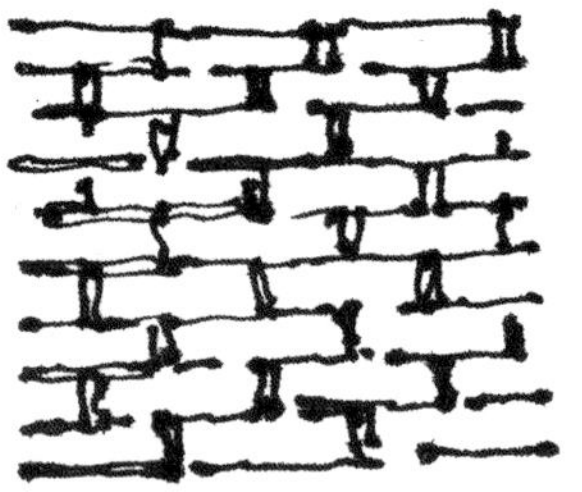　砖纹 　石纹 　编织纹 　簇纹

波纹 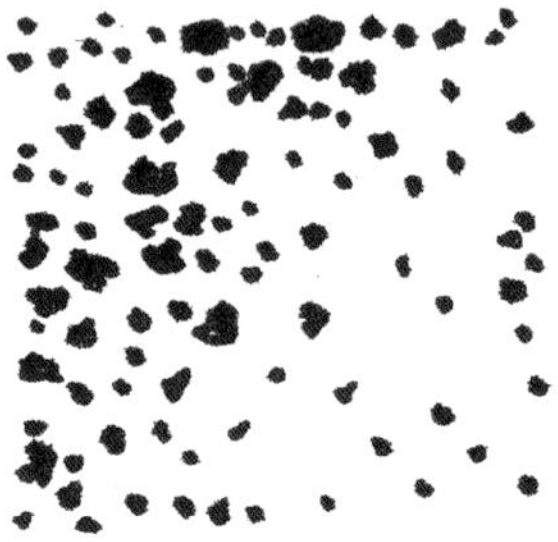　点画法 　圈画法 　石纹（片状） 　乱线（圈状）

波纹“之”形线 　圈画法（三角形） 　石纹（大理石） 　斜编织纹 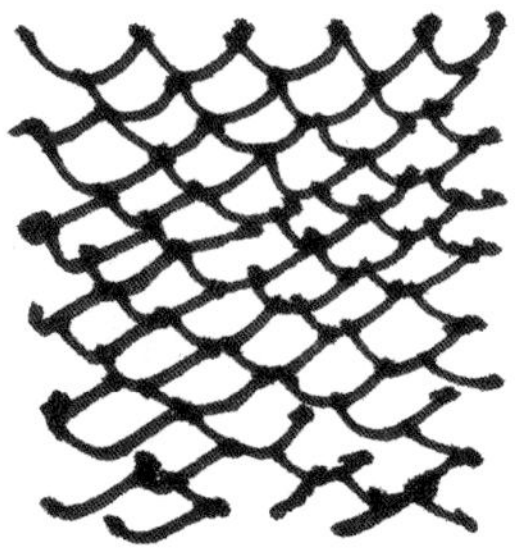　鱼鳞纹

素材肌理图例2

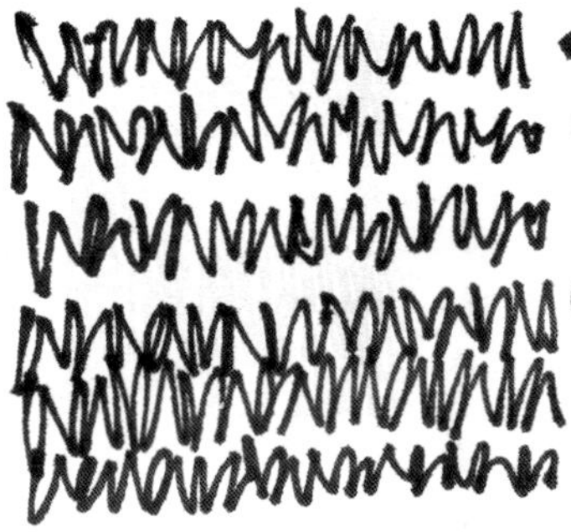

折线一 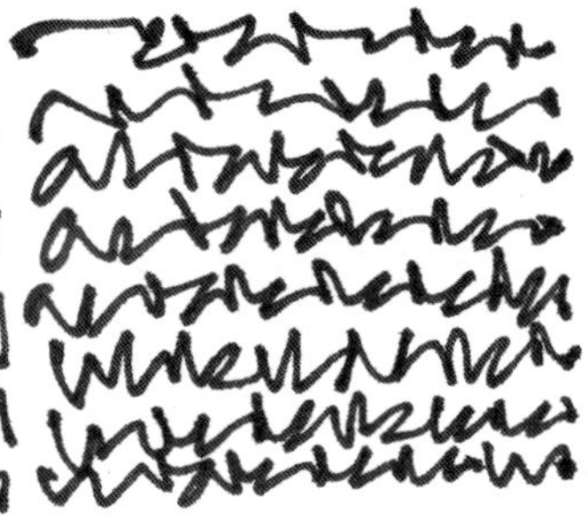　折线二 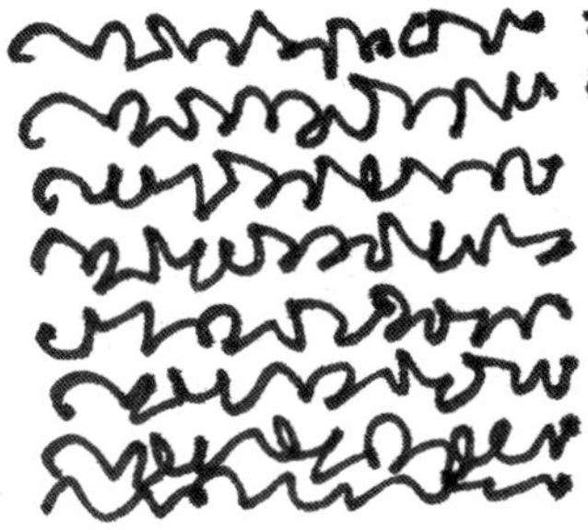　折线三 　网络状乱线 　成簇阴影排线

斧剁纹 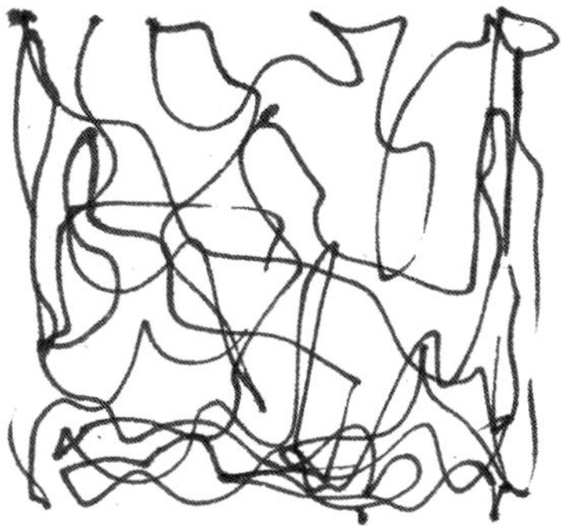　乱线　交叉阴影排线 　格纹一 　格纹二

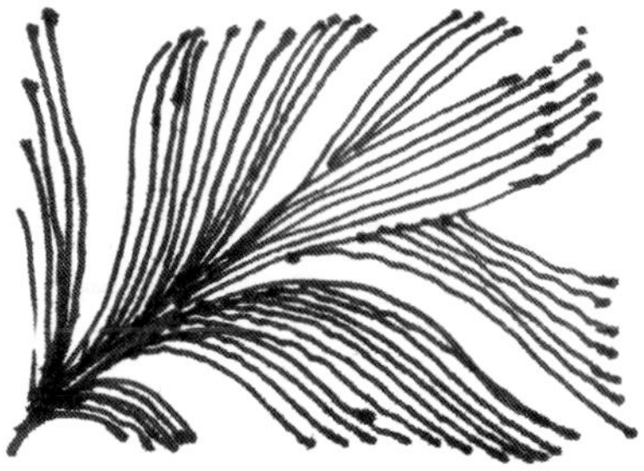

辐射线一 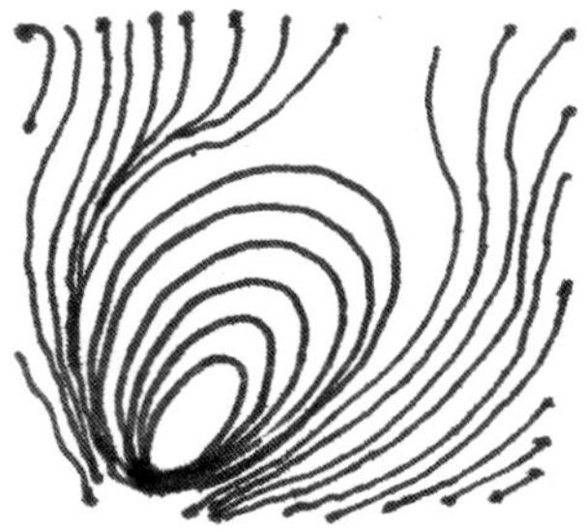　辐射线二 　不规则织纹 　豹纹 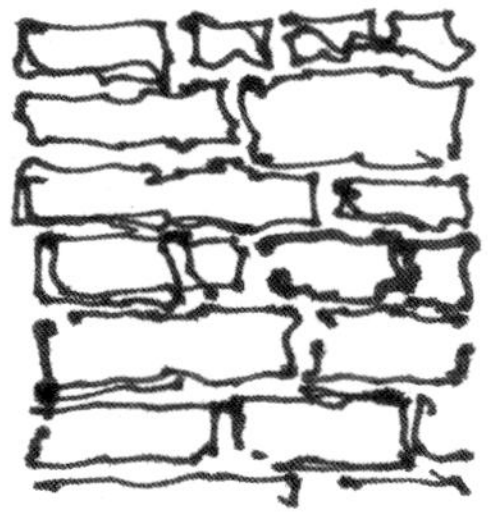　石纹

3. 简易人物绘制

（1）绘制方法

步骤一

步骤二

（2）简易人物素材

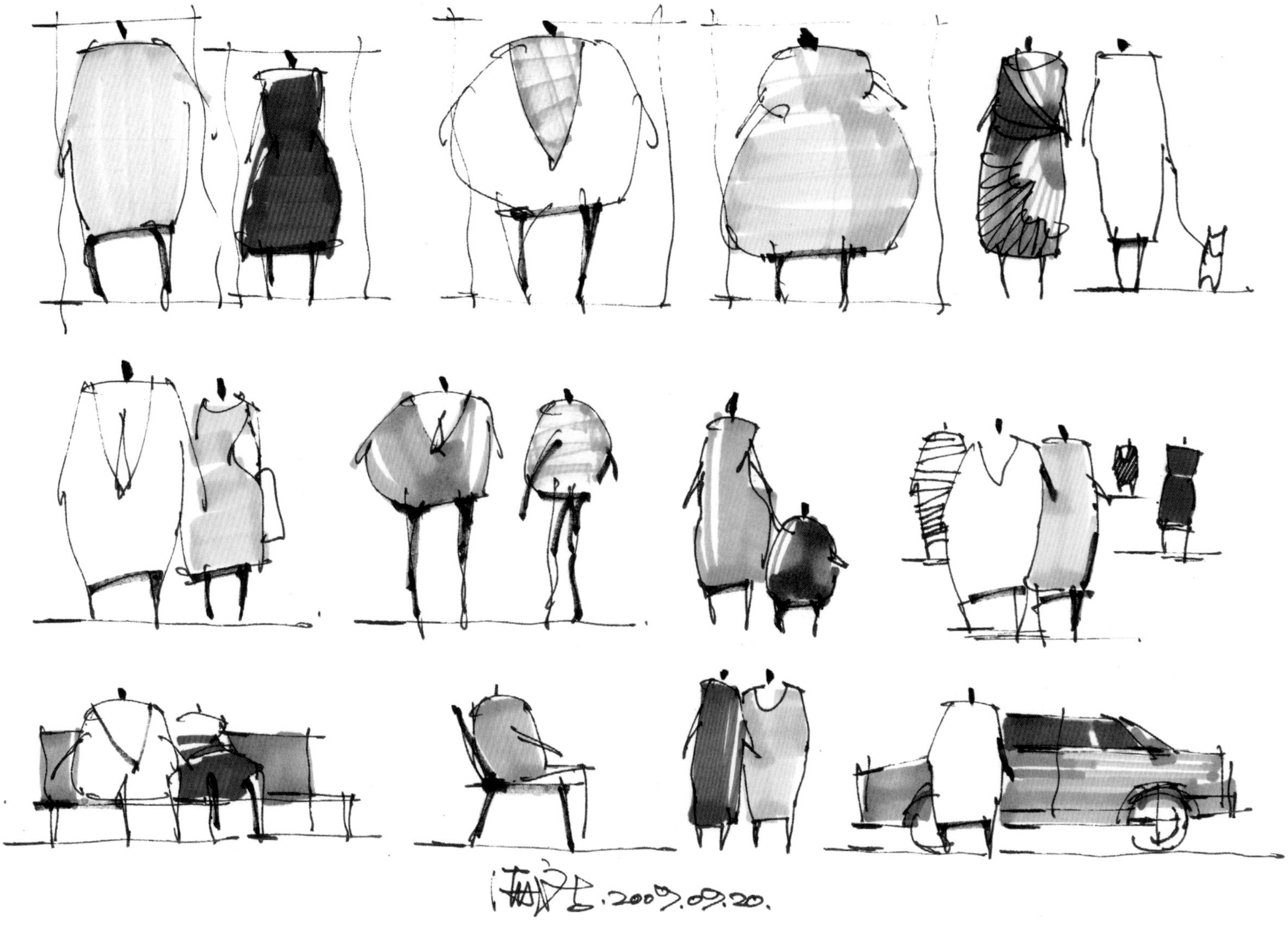

第二章　图例篇

2.1　家居场景

设计表现经常会画到的场景分别为家具配饰和小场景，卧室及最常见的起居室，还有餐厅三大类。

2.1.1　家具配饰和小场景

主要由沙发、桌椅以及一系列软装配饰构成。单就画面来说，不仅仅局限于家居场景，也适用于各类空间。对于软装设计师而言，掌握了它们的绘画方法更是掌握了谈单利器。

扎哈·哈迪德设计的家具产品绘制步骤

步骤一

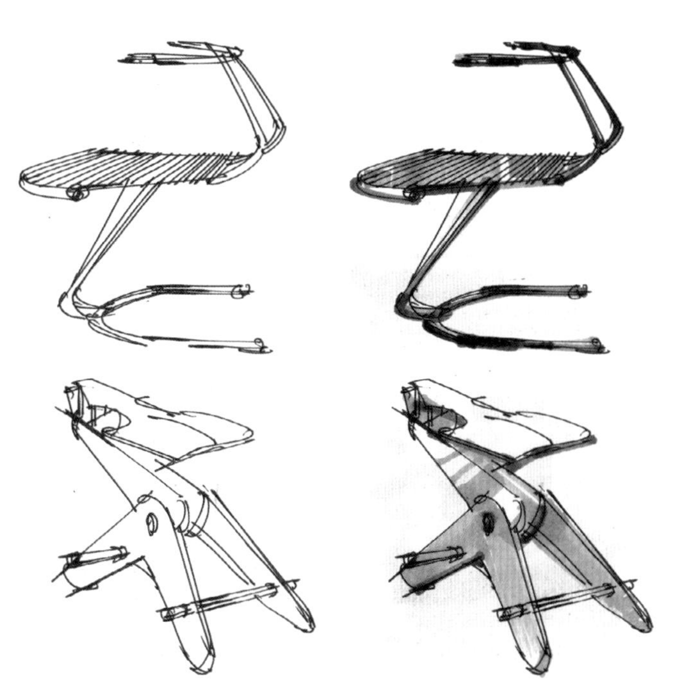

步骤二

软装系列1的绘制步骤

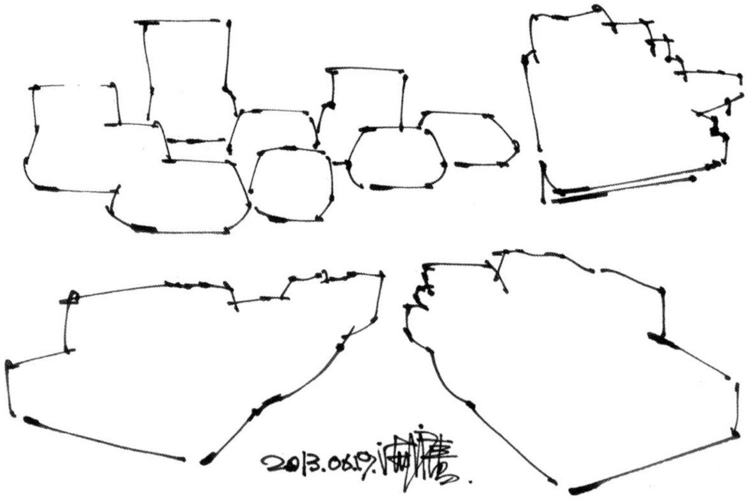

步骤一

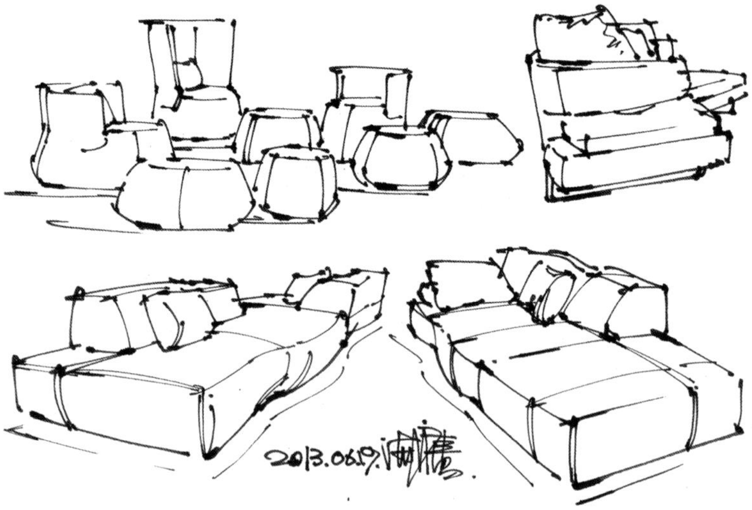

步骤二

步骤三

软装系列2的绘制步骤

步骤一　步骤二

软装系列3的绘制步骤

步骤一　步骤二

餐桌椅照片临绘步骤

步骤一

步骤二

各式椅子、沙发手绘步骤

范例1

步骤一

步骤二

范例2

步骤一

步骤二

软装单体素材图例1

软装单体素材图例2

软装单体素材图例3

2013.05.20.

软装组合视觉笔记1

软装组合视觉笔记2

B&B Canasta座椅

Brown Jordan Papillon躺椅.

2013.02.24

软装组合视觉笔记3

软装组合视觉笔记4

场景专题

小场景训练1

步骤一

步骤二

小场景训练2

步骤一

步骤二

起居室场景1

相同场景，不同背景处理方式的演绎

起居室场景2

同一空间场景，不同色调及家具组合方式处理的表现。

起居室场景3

相同空间场景，不同色调（冷，暖）及繁简的对比处理

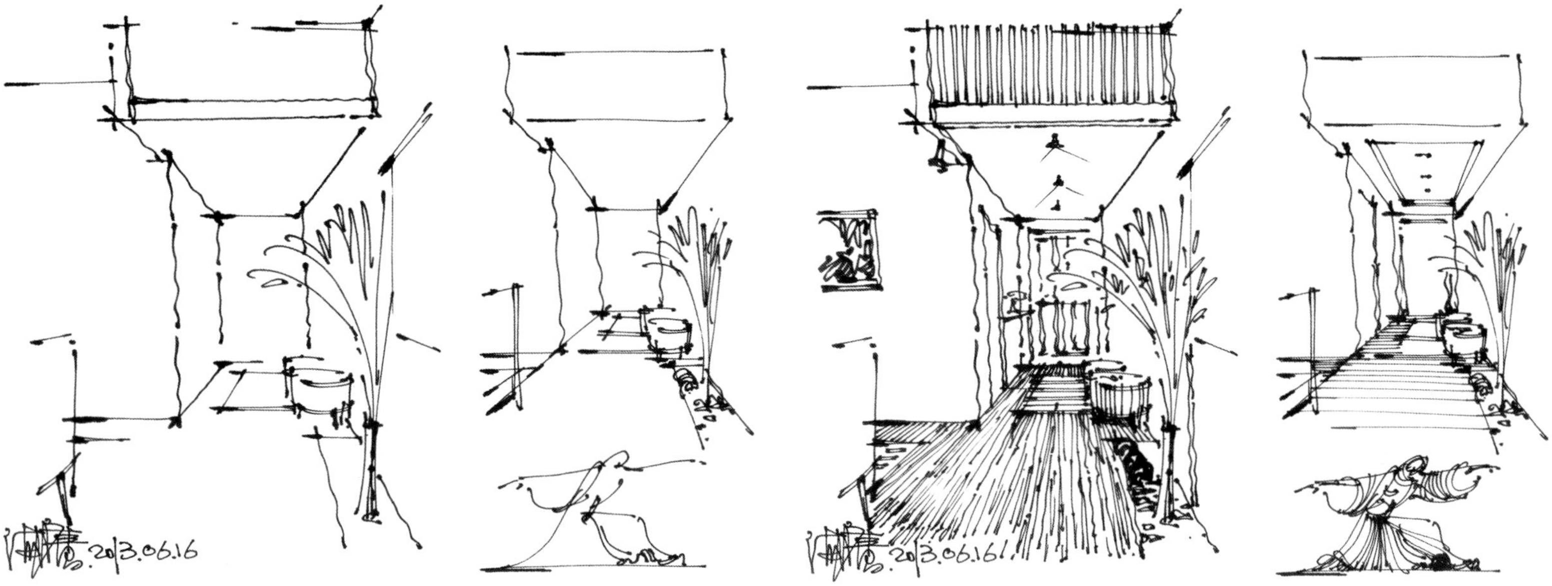

休闲小场景及家具单体

接待区小场景

休闲区小场景

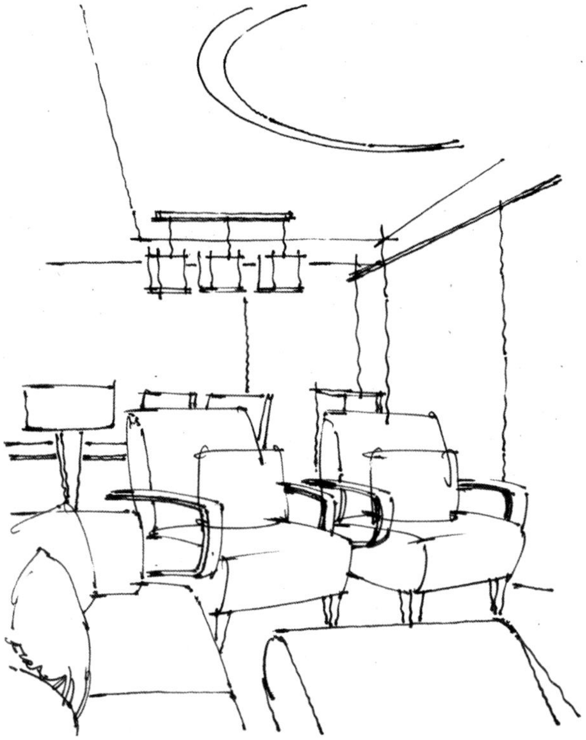

壁炉区域休闲场景

空间局部场景系列手绘快速表现

2013.07.23 [illegible]

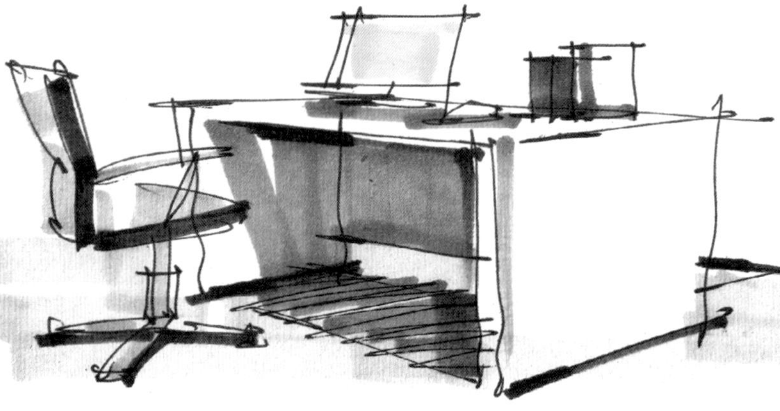

2.1.2　卧室

本部分绘制了一系列不同风格类型的卧室空间，部分图例附有相关软装配饰图例，及不同色调、不同表现手法的演绎，以备学习者参考。

相同空间结构，分别就线条组织形式的繁简、色调的变化作了不同的演绎。

卧室场景1

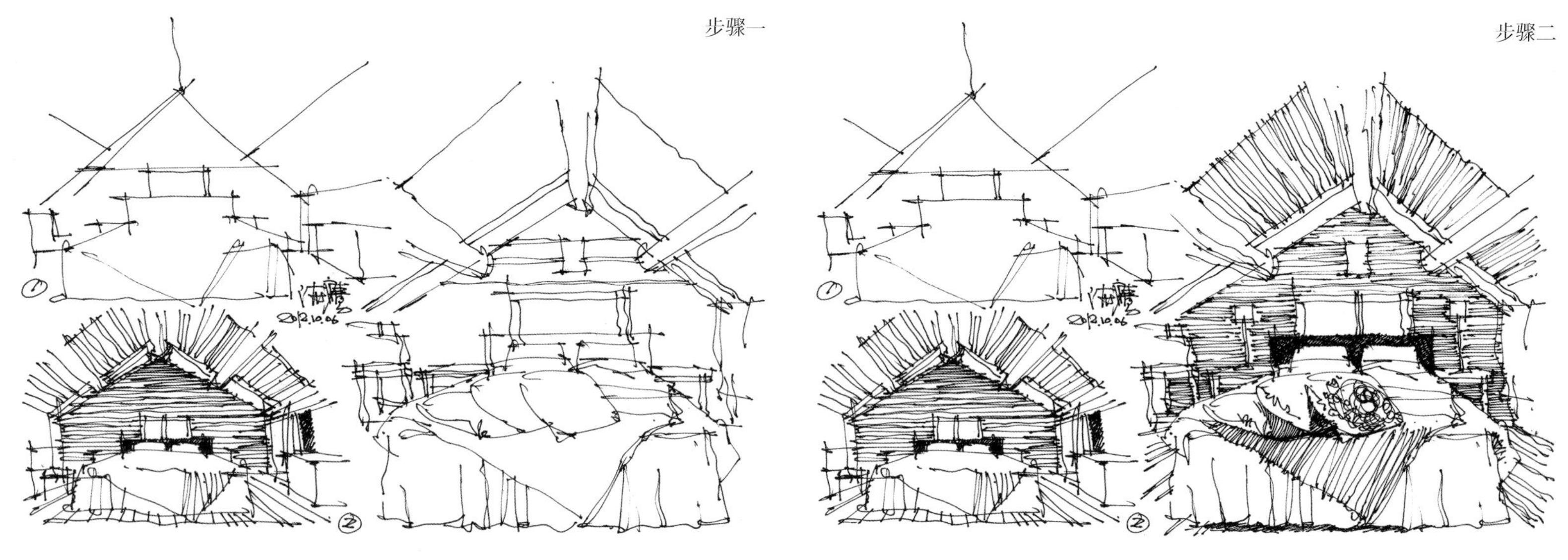

小Tip：本图例右边就如何用最简单色彩塑造空间和体块关系作出简易示范。

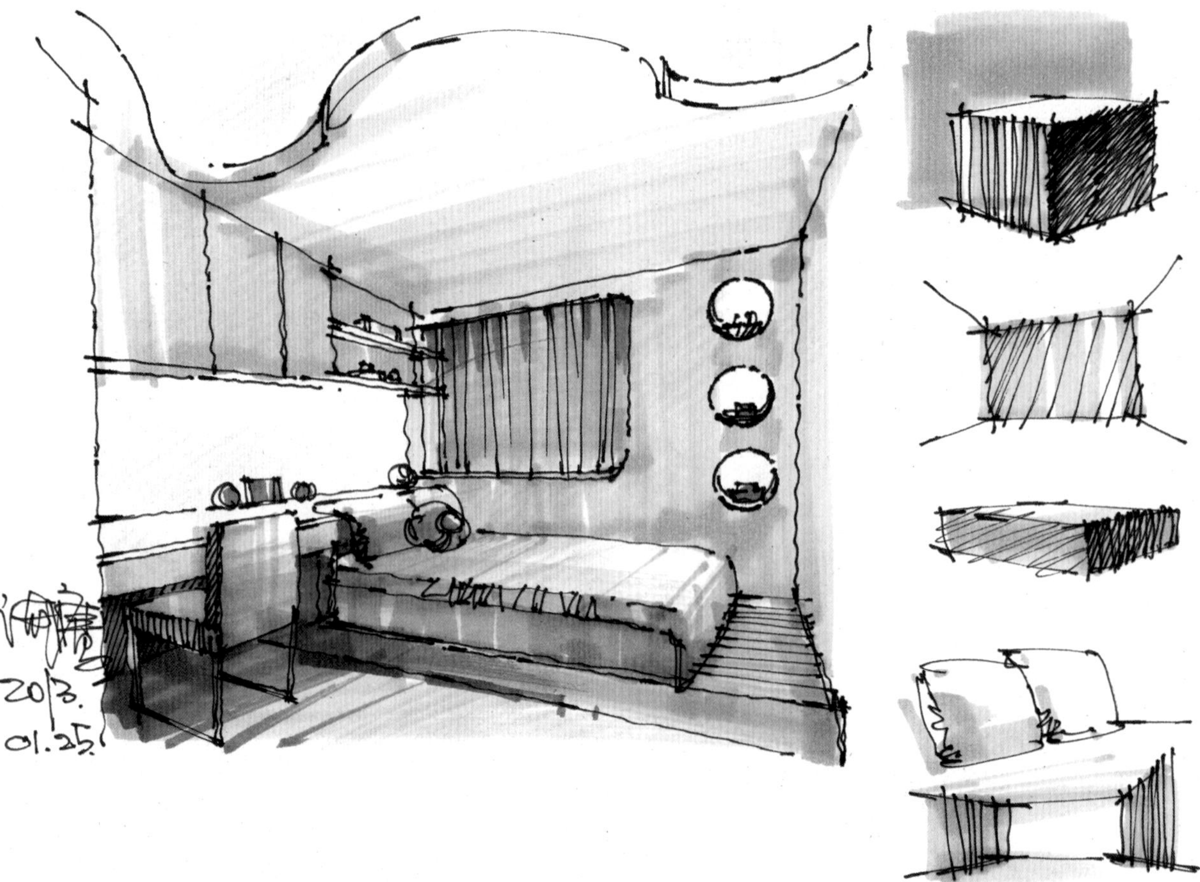

卧室场景2

步骤一

步骤二

乡村田园风格的卧室空间，附配套软装图例步骤。

局部场景1

步骤一

步骤二

步骤三

乡村田园风格的卧室空间，附配套软装图例步骤。

配套软装图例步骤示范

配套软装图例步骤示范

局部场景2

步骤一

2013.08.12 海腾

步骤二

2013.08.12 海腾

其他类型卧室空间范例

2.1.3　起居室（包括餐厅）

家居空间是手绘表现的重头戏、必选题材，本部分所选图例既有普通住宅亦不乏豪宅、别墅起居空间场景，其中部分图例附有原图照片以便比对和参考。

范例1：为学生做的平面图着色示范，着重强调图底、肌理的对比关系处理。

教师示范

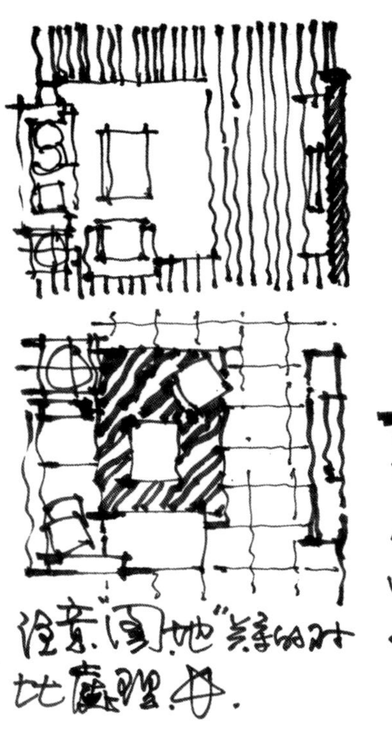

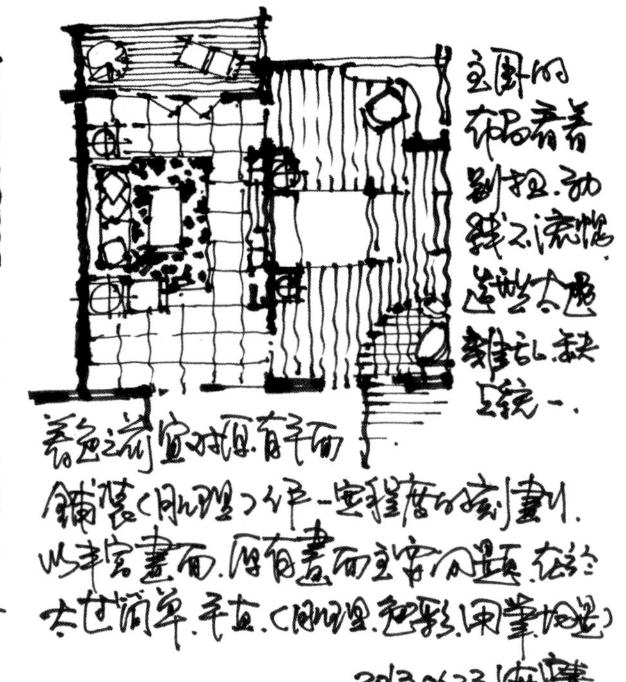

学生作品

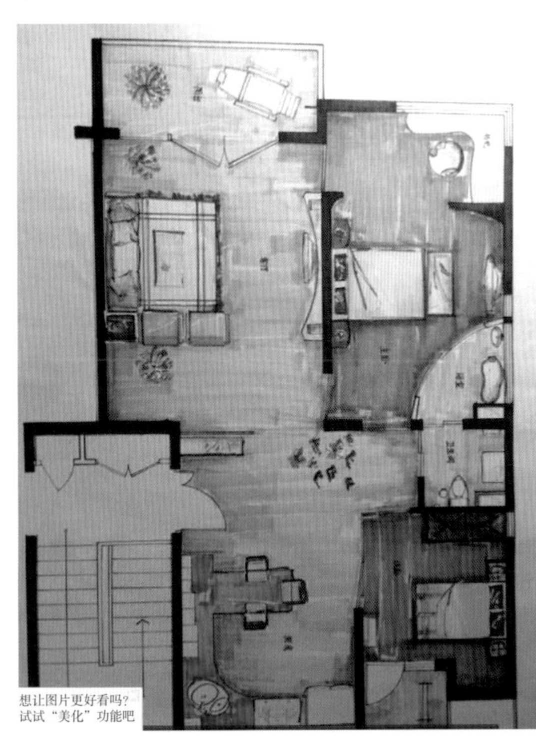

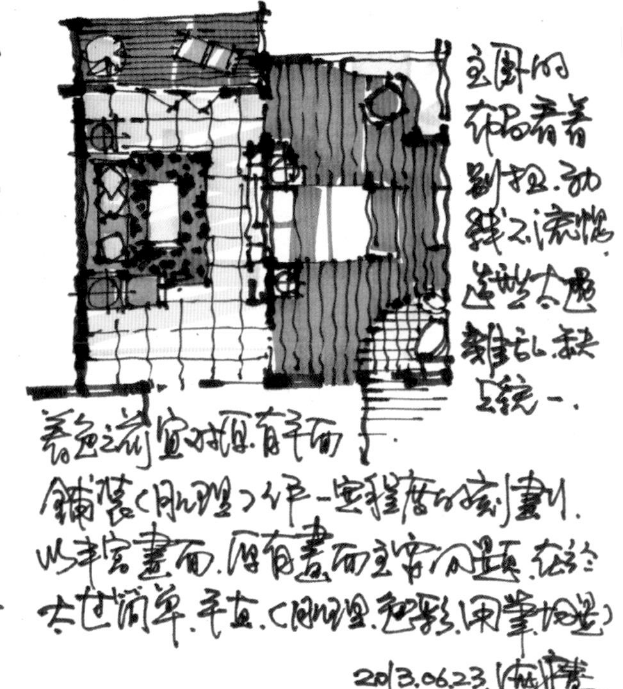

范例2：完整图例（含平面图、立面图及效果图）示范，强调设色简约明快。

步骤一

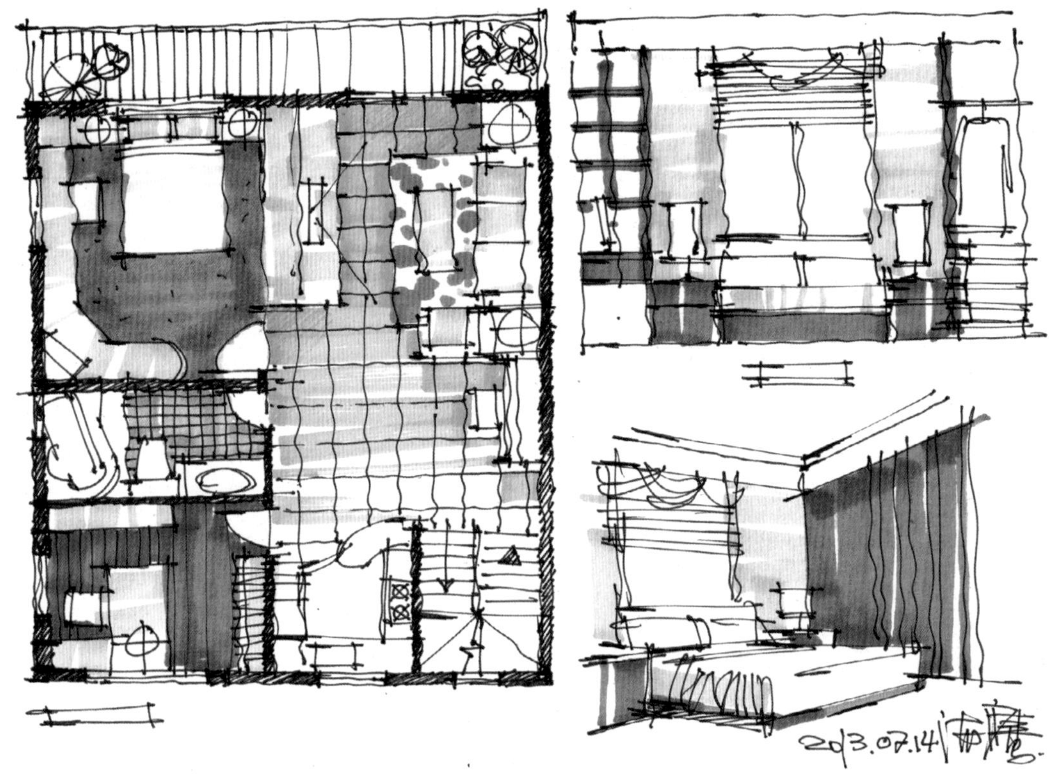

步骤二

范例3：不同客厅局部场景手绘表现。

场景一

场景二

场景三

场景四

场景五

场景六

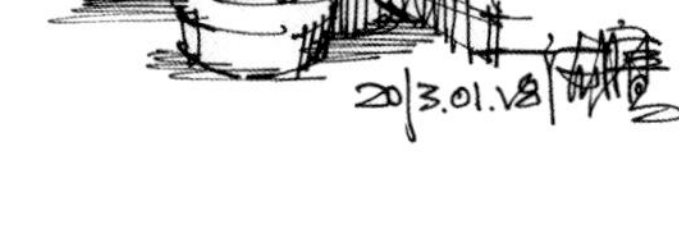

步骤一

步骤二

场景七

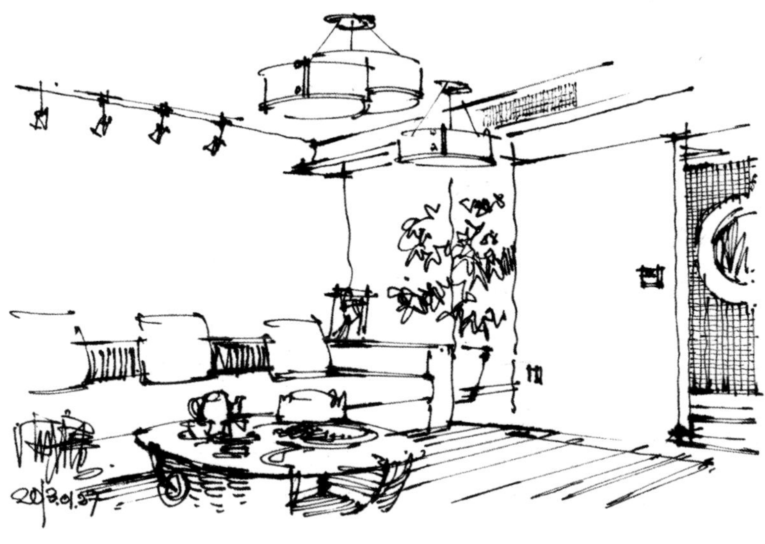

步骤一

步骤二

场景八：中式客厅空间及相关配景表现图例。

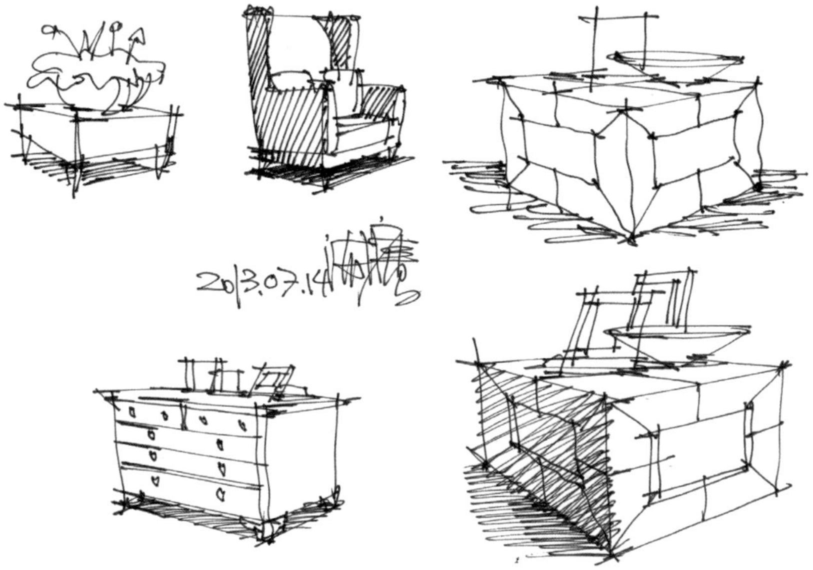

场景九：照片临摹手绘

范例4：儿童房空间及场景解构绘制。

范例5：不同餐厅场景手绘表现

场景一：相同画面、两种不同处理手法的对比示范。

场景二

步骤一

步骤二

场景三

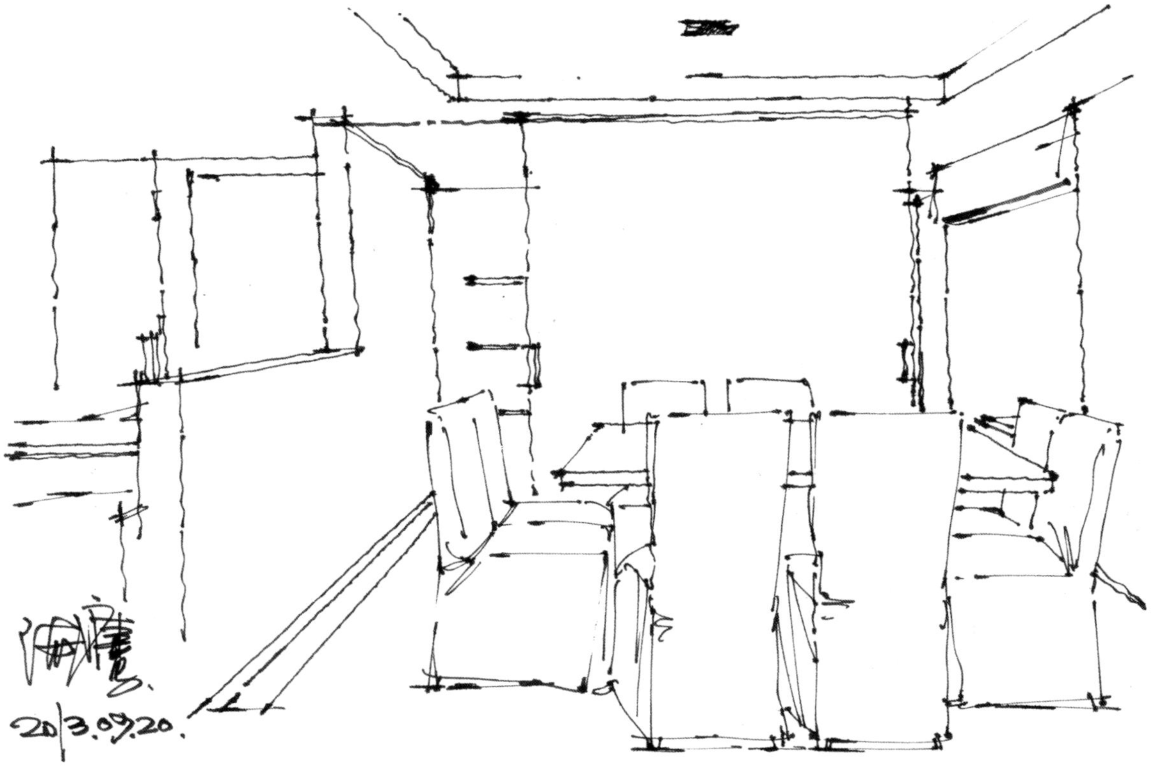

步骤一

步骤二

范例6：交通组织空间手绘表现

场景一：线条的组织和应用形式变化是此画的重点。

场景二

步骤一

步骤二

场景三

步骤一

步骤二

范例7：别墅空间简易色调有彩色、无彩色对比处理示范。

范例8：相同场景，线稿繁简不同的两种处理表现。

2.2 商业空间

空间设计中的一大专题，也是考研学生备考方案必选专题。这里所展示的图例，大部分都是为考研学生做的考前辅导示范。

2.2.1 办公综合

范例1：招商银行信用卡中心接待厅。

步骤一

步骤二

范例2：国外某银行大厅。

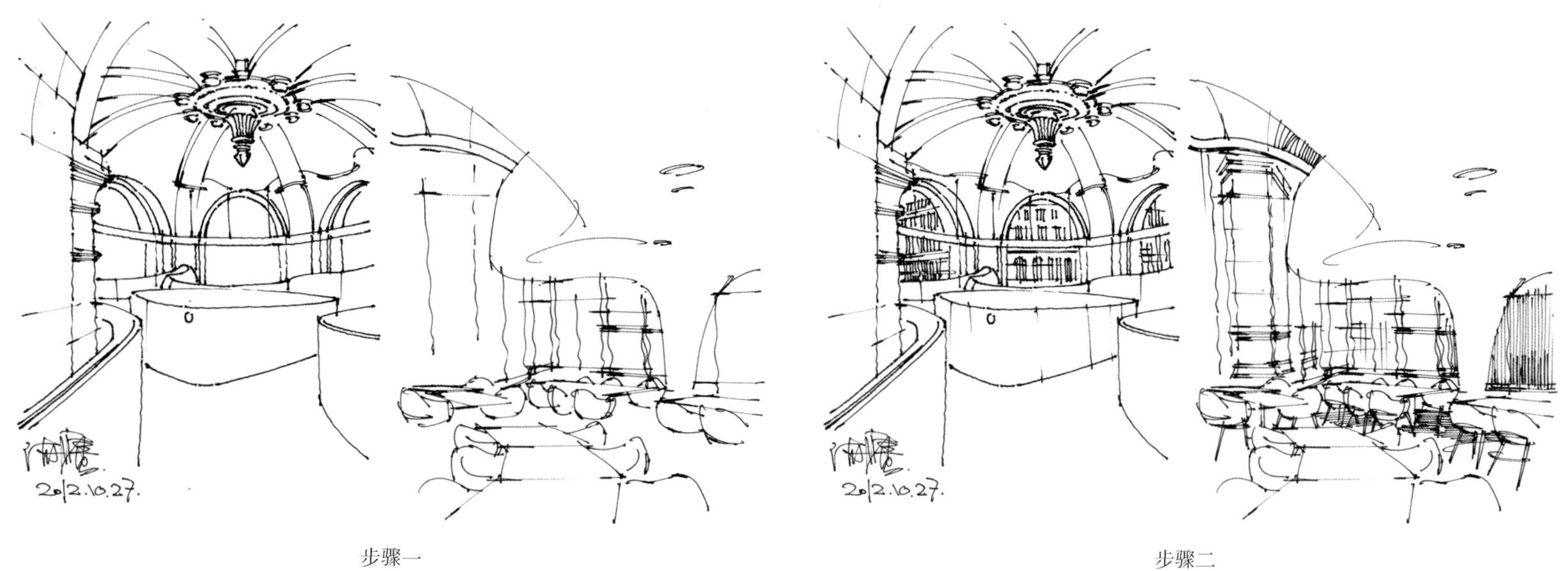

步骤一　　步骤二

步骤三

范例3：参数化空间室内表现及图例分析。

场景一

场景二

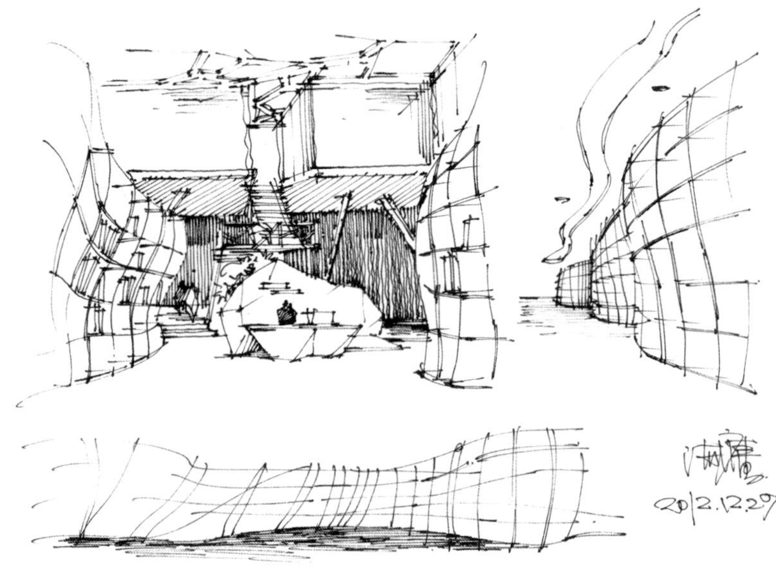

步骤一

步骤二

范例4：

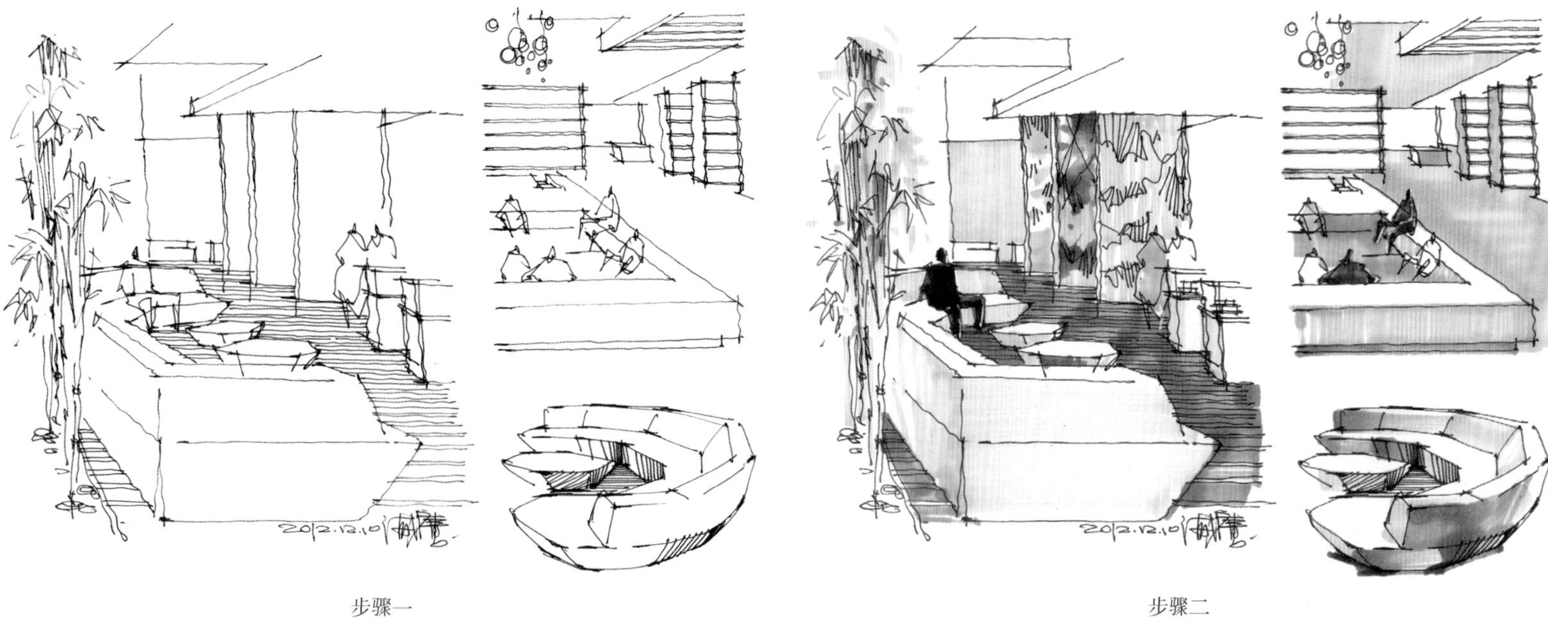

步骤一　　步骤二

范例5：

步骤一　　步骤二

范例6：相同空间、单一色系的两种不同表现手法。

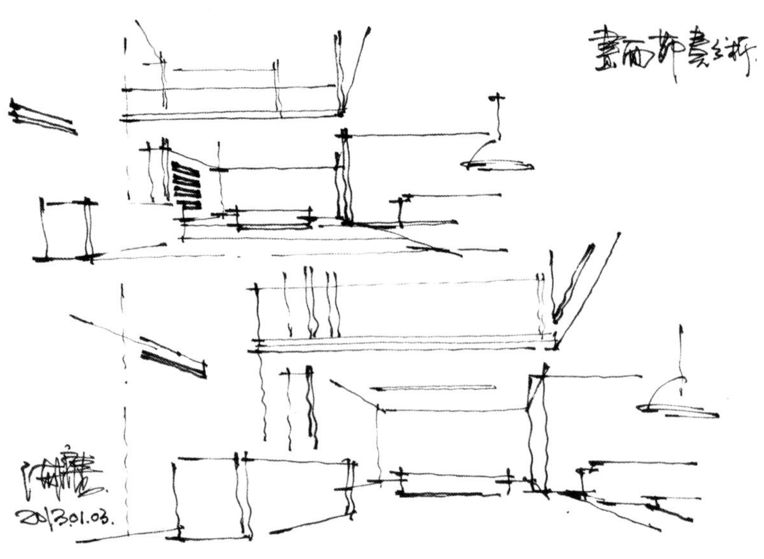

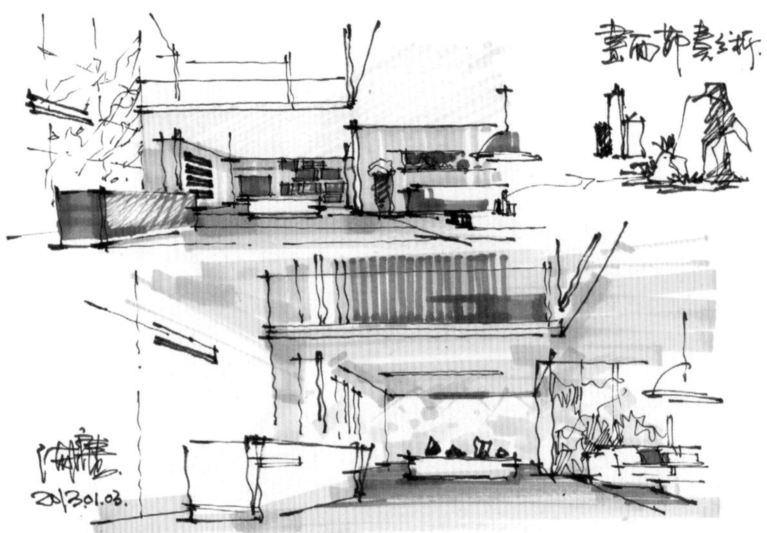

范例7：书店。

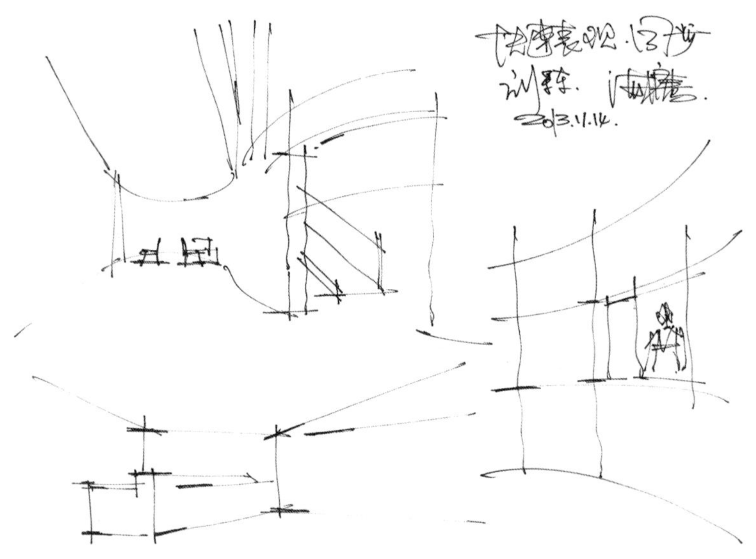

范例8：办公室及局部绿化场景。

范例9：办公空间接待区不同角度的表现。

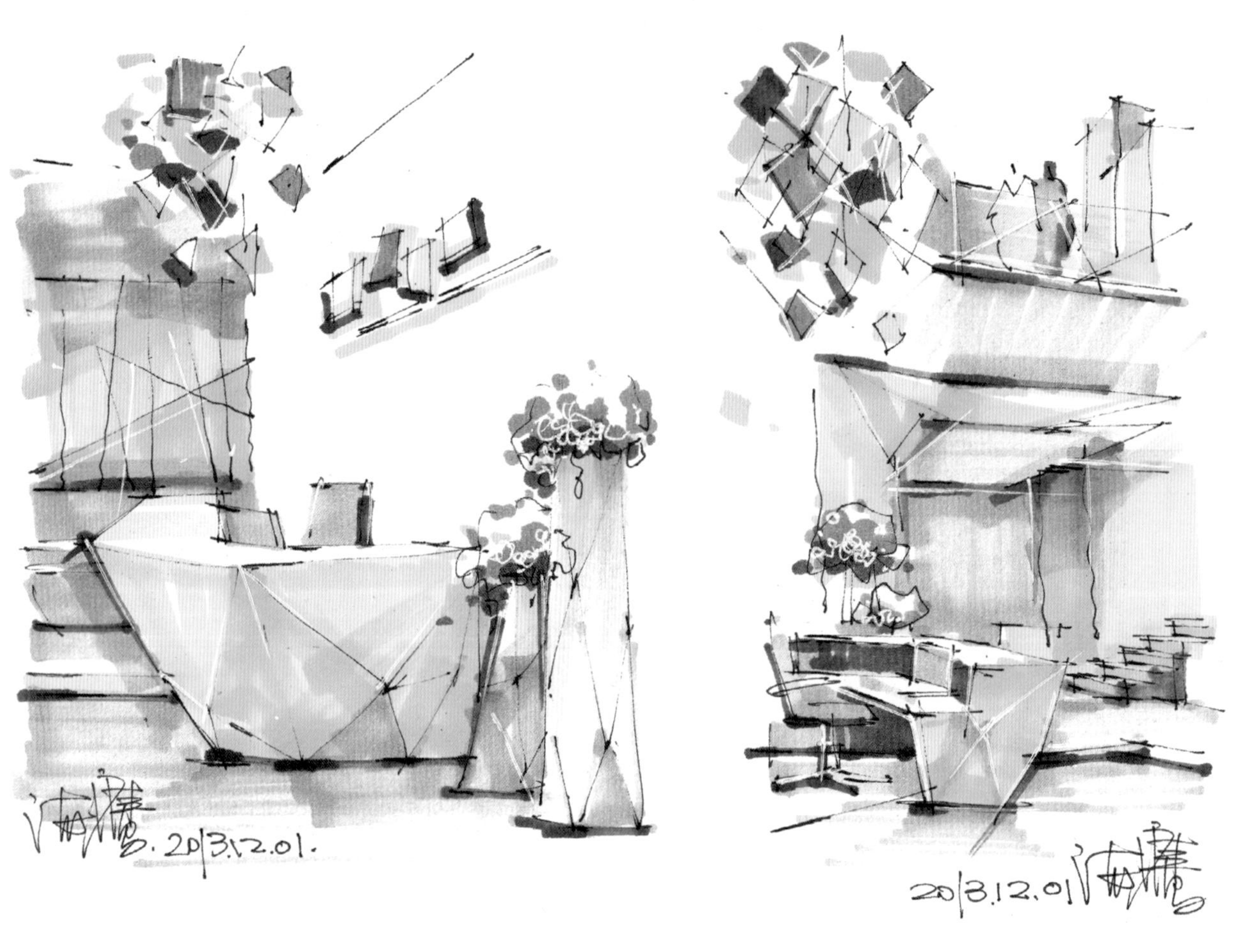

范例10：会议室和接待区。

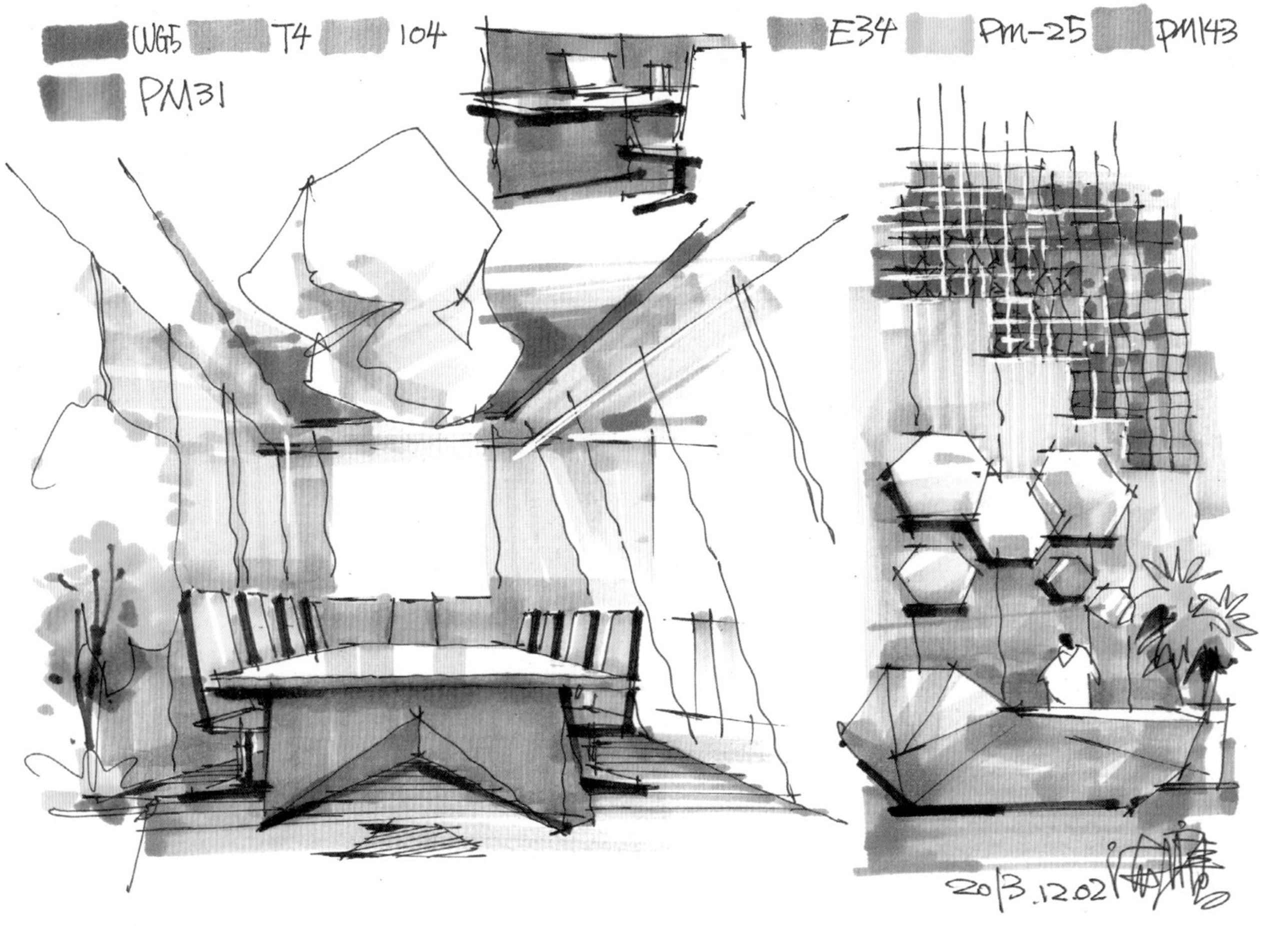

范例11：会议室场景接待区1

步骤一

步骤二

范例12：会议室场景接待区2

步骤一

步骤二

范例13：为考研学生所作的整体卷面快速表现示范。

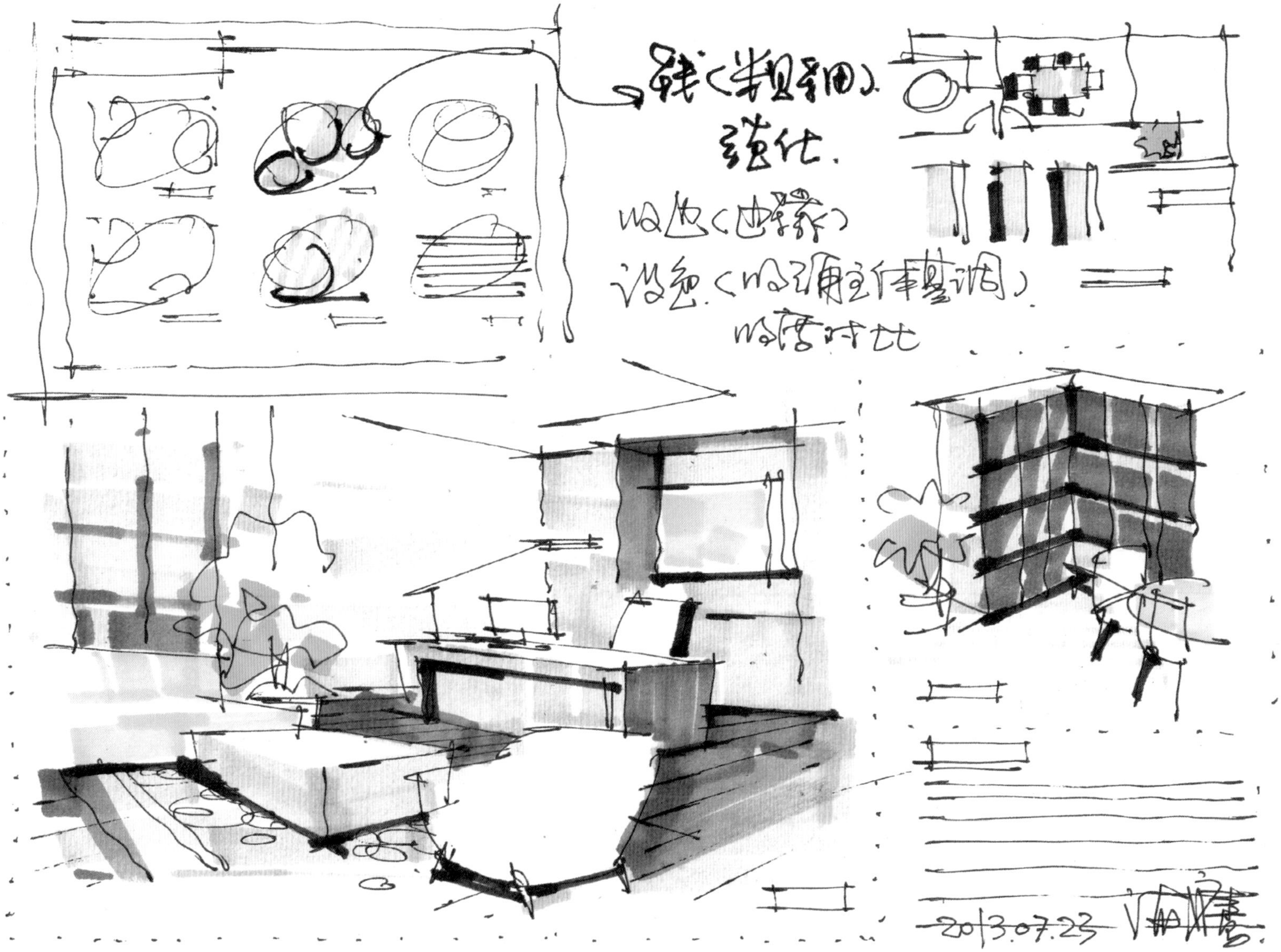

2.2.2 餐饮娱乐

餐饮空间的手绘对于手绘初学者而言，最大问题恐怕就是餐桌椅的透视问题了，其实只要把握简单的徒手透视规律—“层叠，遮挡”这两个关键词，加上一点耐心，再繁复的画面也能应对自如。

范例1：餐厅局部，富于构成感的设计及表现手法。

范例2：餐厅、酒吧、卡拉OK场景表现

场景一

场景二

场景三

场景四

场景五

场景六

场景七

步骤一

步骤二

场景八

步骤一

步骤二

场景九

步骤一

步骤二

范例3：茶室包间，繁简两种手法的表现处理。

范例4：包厢场景，有彩色与无彩色的不同色调处理方式。

范例5：机场餐厅，注意餐桌椅的组合排列、大小浙变与层叠手法的结合应用是画好餐饮空间的要点。

范例6：图右，游艇室内空间。

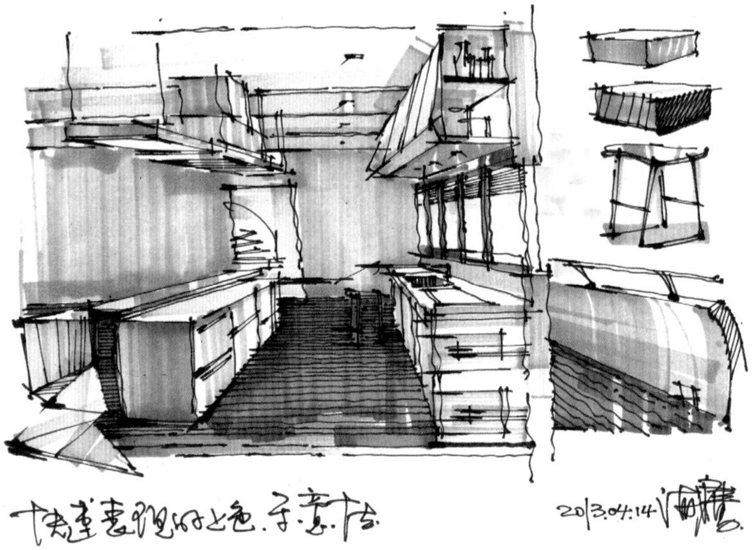

范例7：餐厅场景绘制步骤。

步骤一

步骤二

范例8：KTV场景组图。

范例9：色彩缤纷的餐饮空间场景。

步骤一　　步骤二

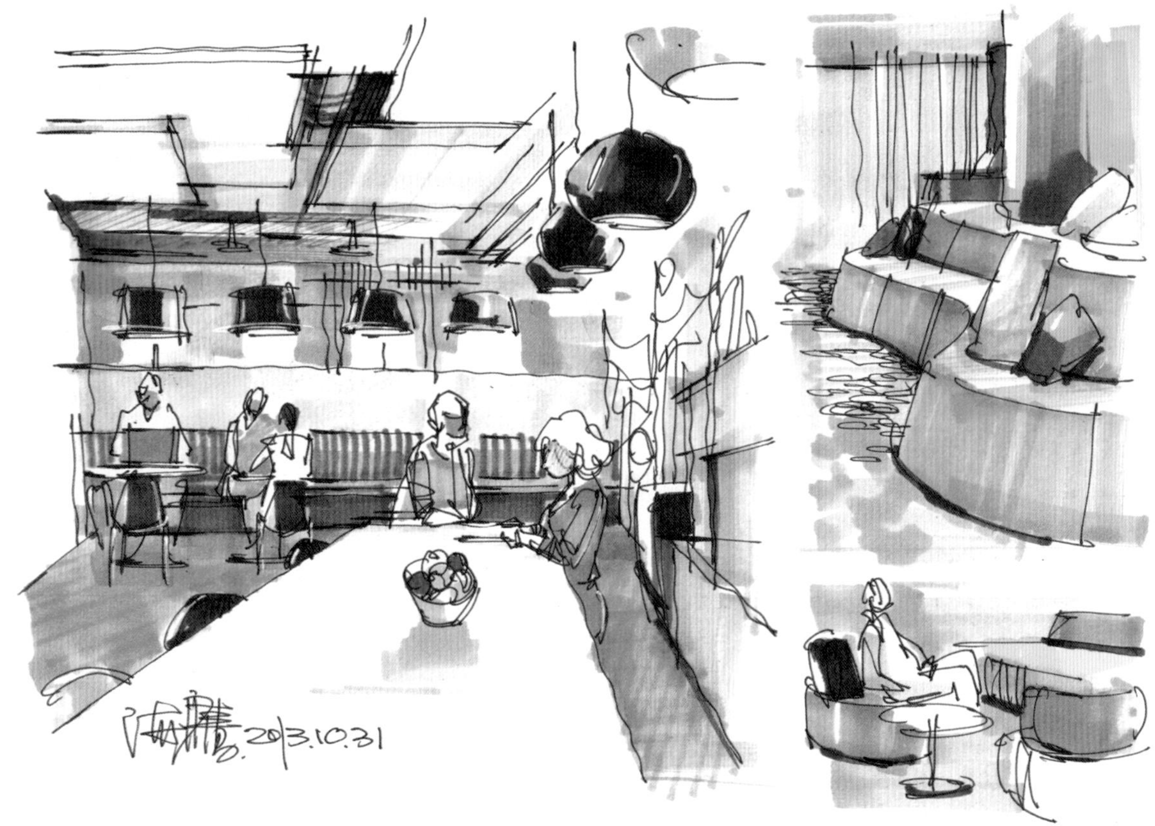

步骤三

范例10：高级会所场景手绘表现步骤。

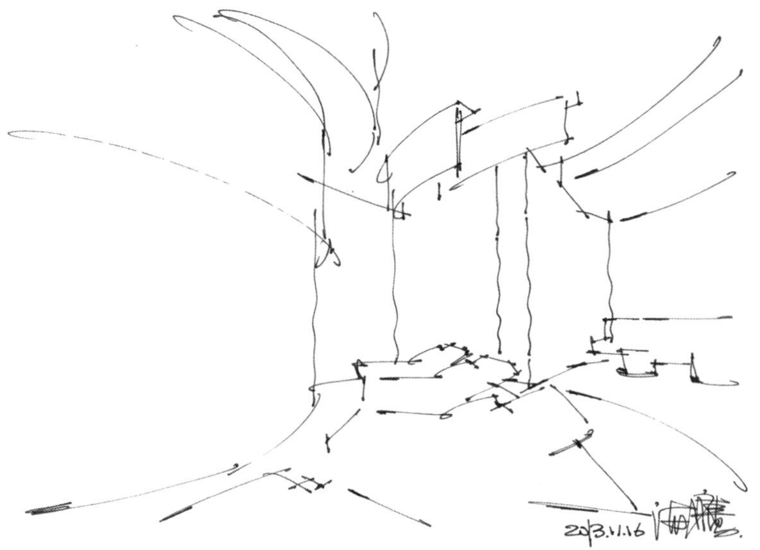

步骤一

步骤二

步骤三

2.2.3 大堂中庭

把看似宏大的空间区域放在小小的画面上，空间的几何特性一览无遗，注意把握相关配景和空间的尺度比例。

范例1：招商银行信用卡中心中庭回廊。

步骤一

步骤二

范例2

步骤一

步骤二

范例3

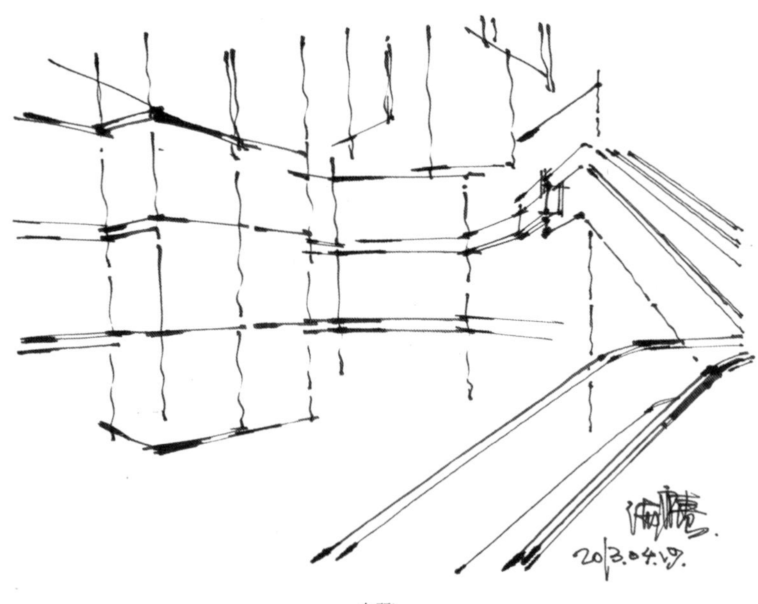
步骤一

步骤二

步骤三

步骤四

范例4：恒隆广场中庭

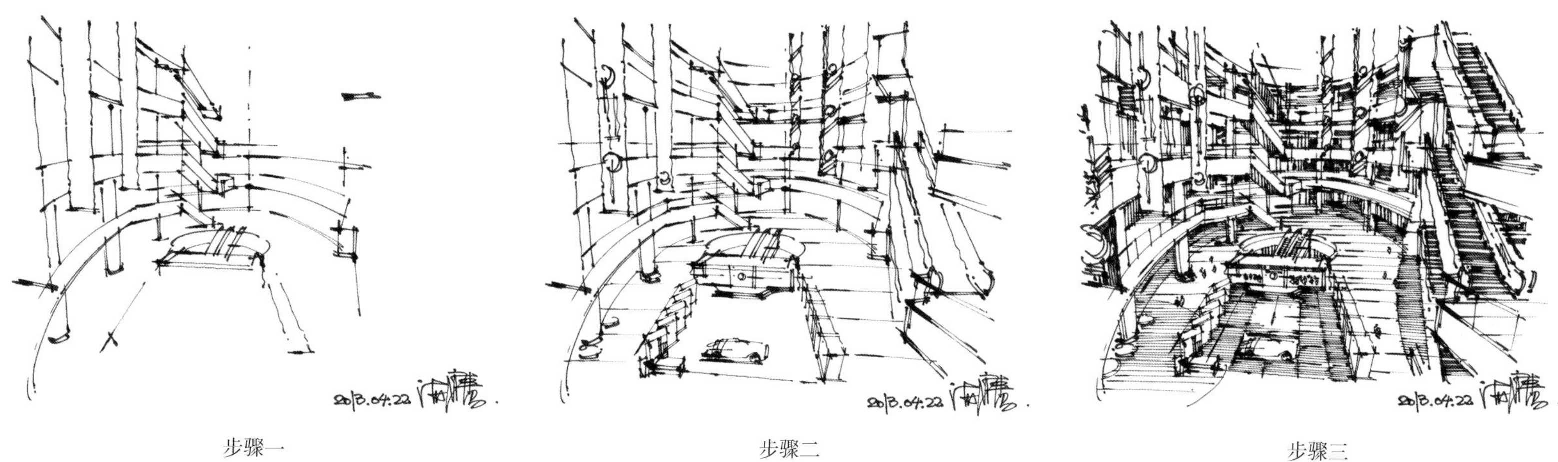

步骤一　　步骤二　　步骤三

步骤四　　步骤五

范例5：不同楼梯在大堂场景表现。

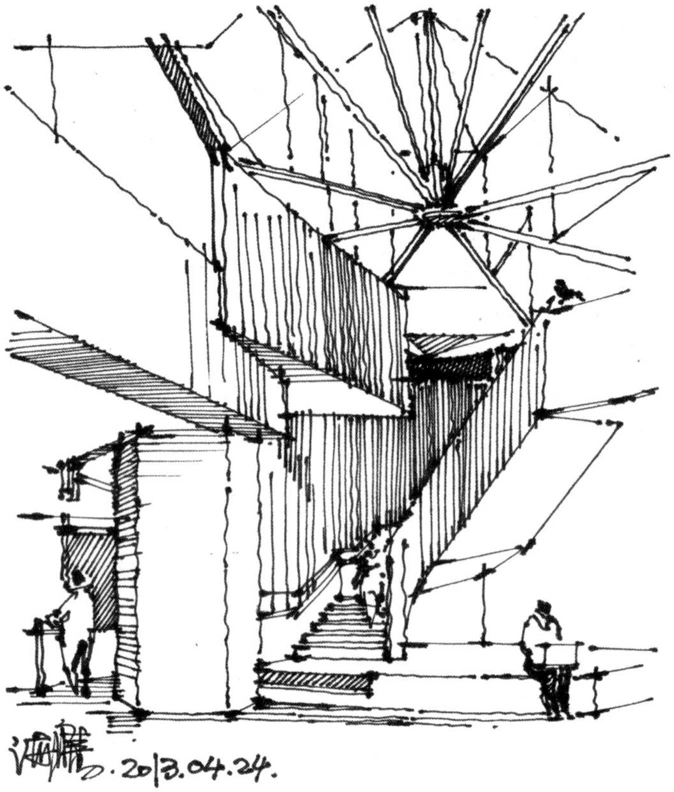

2013.04.24.

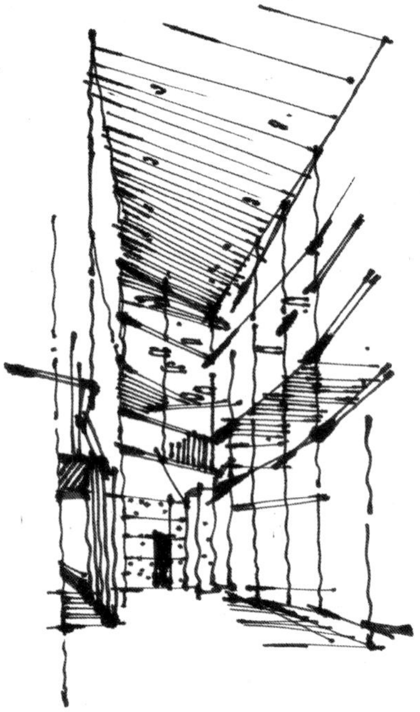

2013.08.06.

2013.08.06

范例6：酒店大堂。

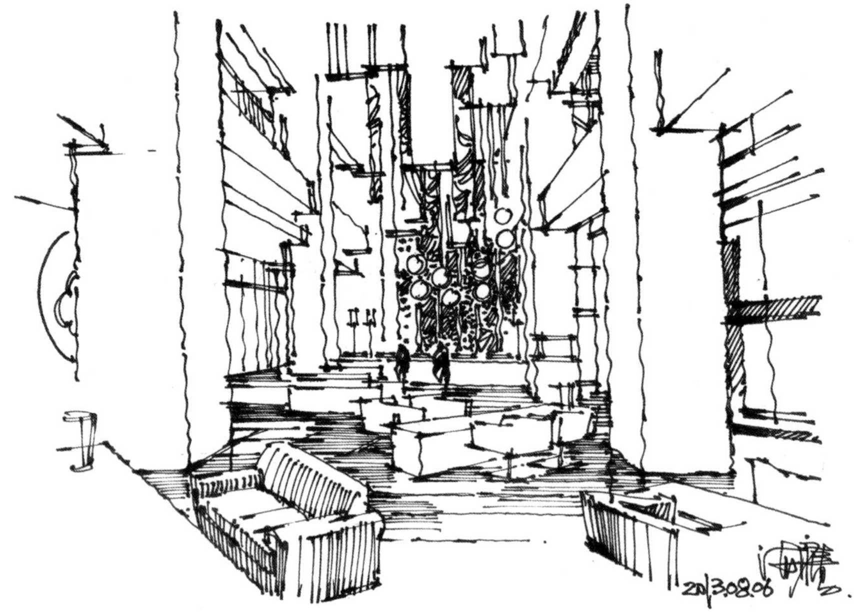

步骤一

步骤二

范例7：汽车销售中心。

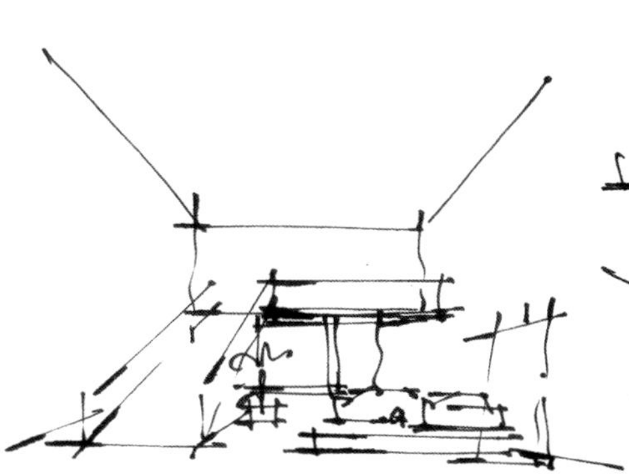

步骤一

步骤二

步骤三

步骤四

范例8：商务酒店大堂场景。

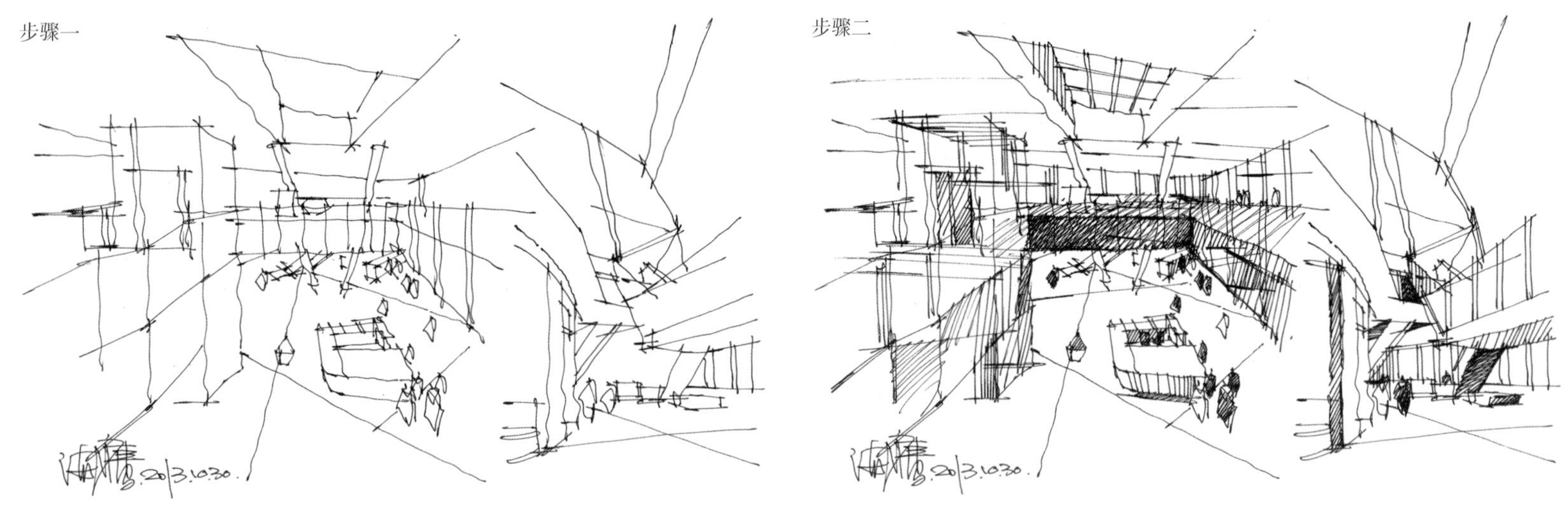

步骤三

范例9：房产公司售楼处。

步骤一

步骤二

2.2.4 服装商铺

对于手绘初学者而言，服装商铺属于较有挑战的一种空间类型，因为要牵涉到大量的场景表现、模特、造型衣架、展台及道具等等，本部分中除了有不同空间的具体表现，还附有细节图例以备参照。

范例1：服装店的阶梯形展台。前景人物采用透视画法进行处理，借以强化空间景深关系和方便尺度参照。

步骤一

步骤二

范例2：采用弧线作为主要造型元素的女装店。弧线的绘制关键在于气韵连贯，果断利落，切忌犹豫不决，反复黏滞。图左上为店铺场景。图左下为相关配饰。图右为橱窗整体外观。

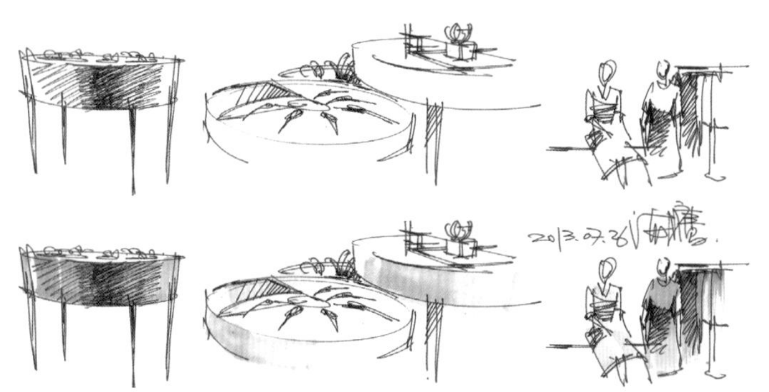

范例3：两种不同造型元素的服装店铺对比。

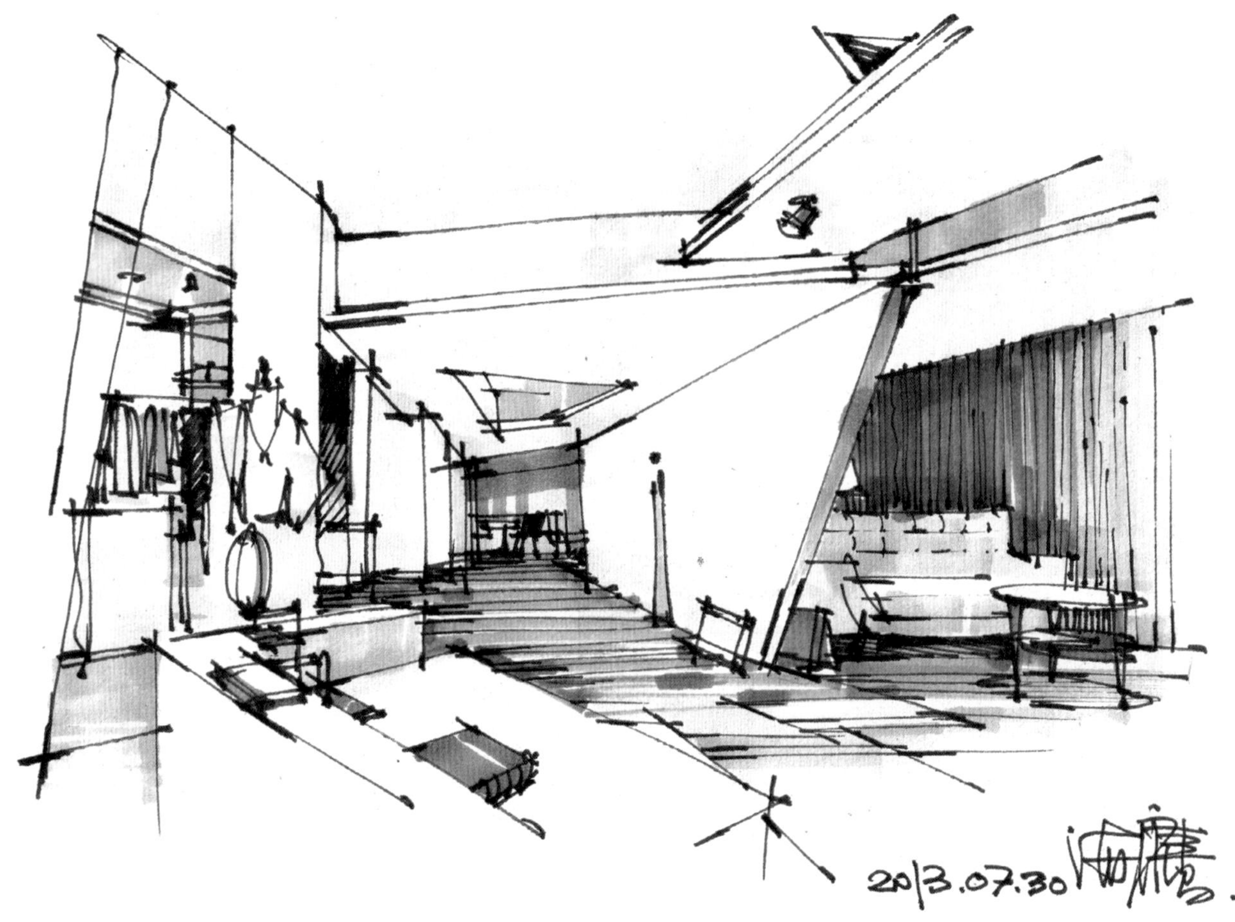

范例4：以游乐园旋转木马顶棚作为造型元素的服装店。上图为展示陈列区域。下图为收银区。

范例5：箱包专卖店

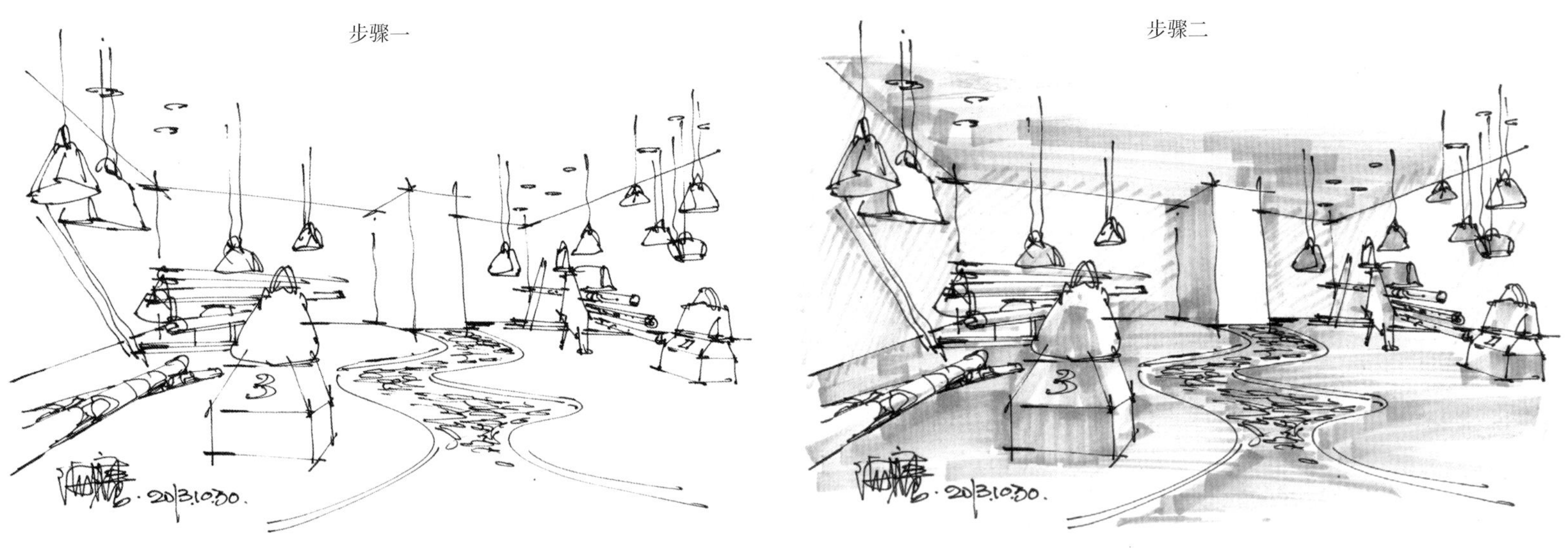

步骤一　　步骤二

步骤三

范例6：休闲服饰店场景

范例7：男士休闲服饰场景

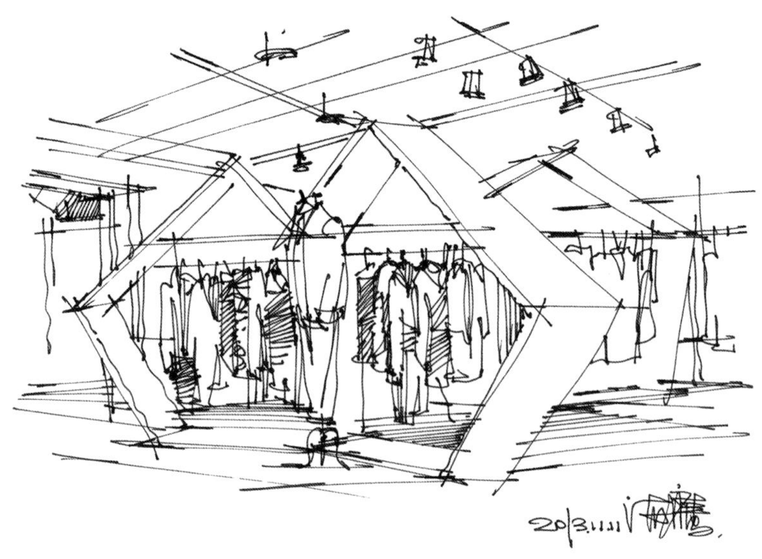

步骤一

步骤二

步骤三

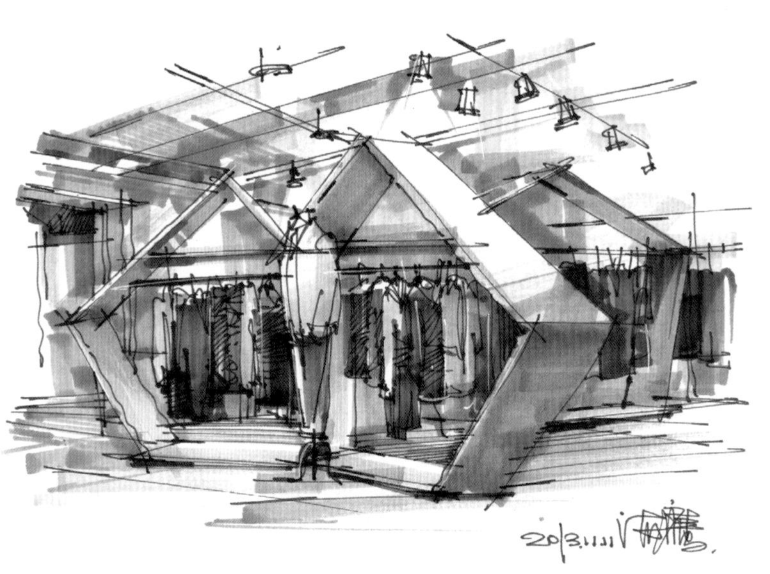

步骤四

范例8：女士休闲服饰场景

步骤一

步骤二

步骤三

步骤四

范例9：服饰店入口场景。

范例10：酒类专卖店

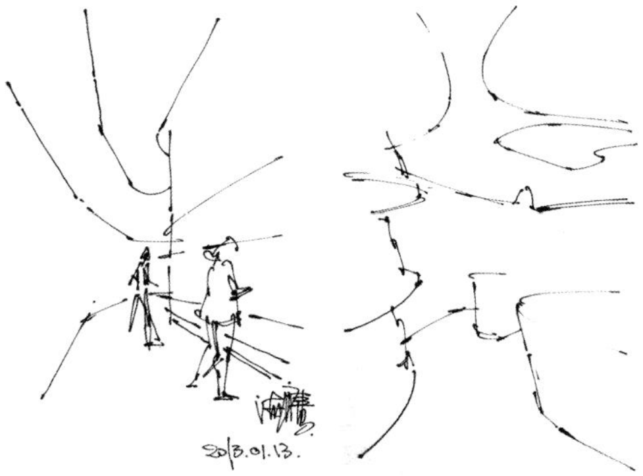

步骤一

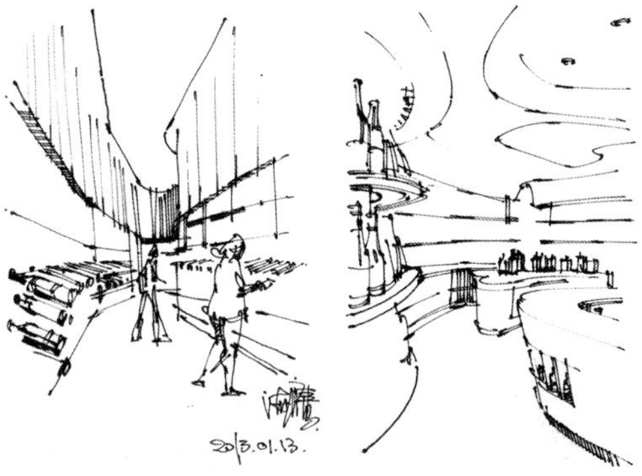

步骤二

步骤三

步骤四

范例11：时尚类生活用品店

步骤一　　　　步骤二

步骤三

范例12：糖果专卖店

范例13：运动休闲服装专卖店。

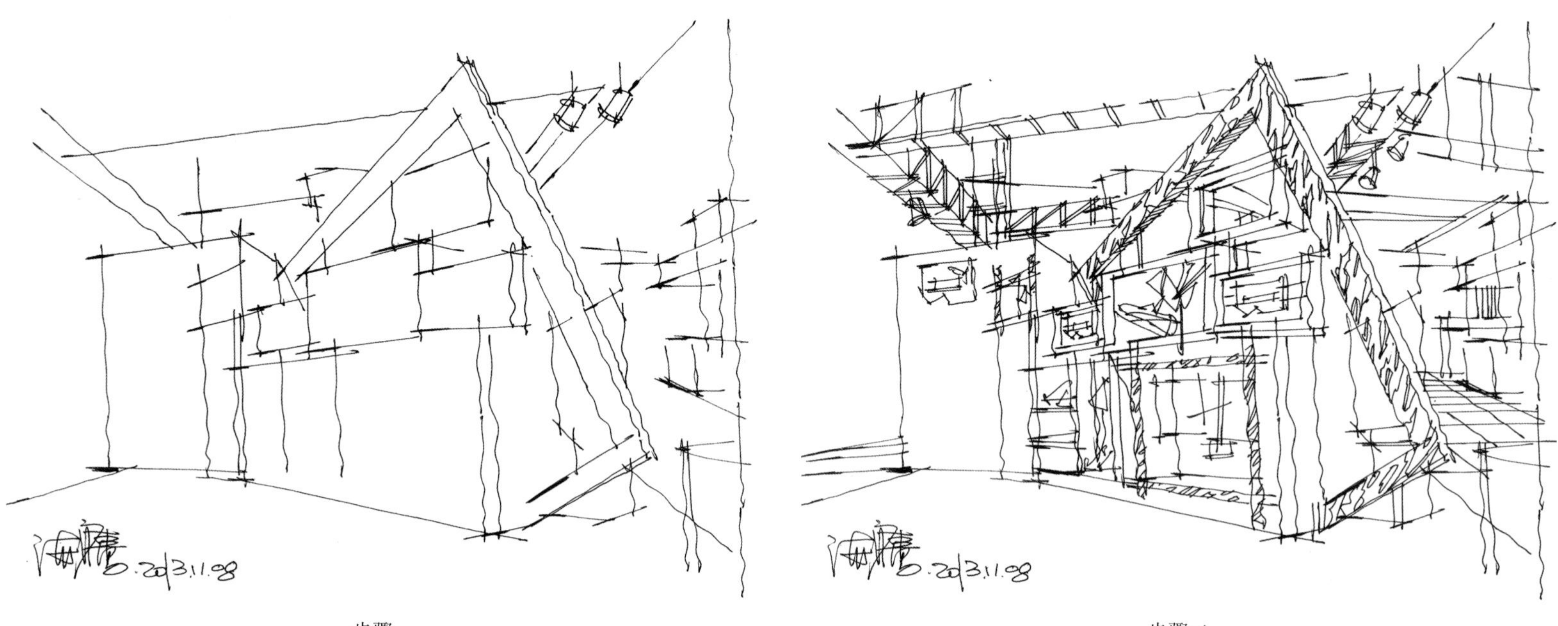

步骤一　　步骤二

步骤三

步骤四

范例14：以瓶身造型做陈列柜的酒类专卖店。

步骤一　　　　步骤二

步骤三

步骤四

2.2.5　展示空间

展示空间是题材和造型元素变化特别丰富的一种空间类型，如果处理得好，画面特别容易出彩，也是考研学生常用的备考方案类型。

范例1

步骤一　　步骤二

步骤三

范例2：展示空间场景

步骤一　　步骤二

步骤三

范例3：商品场景专题示范

场景一

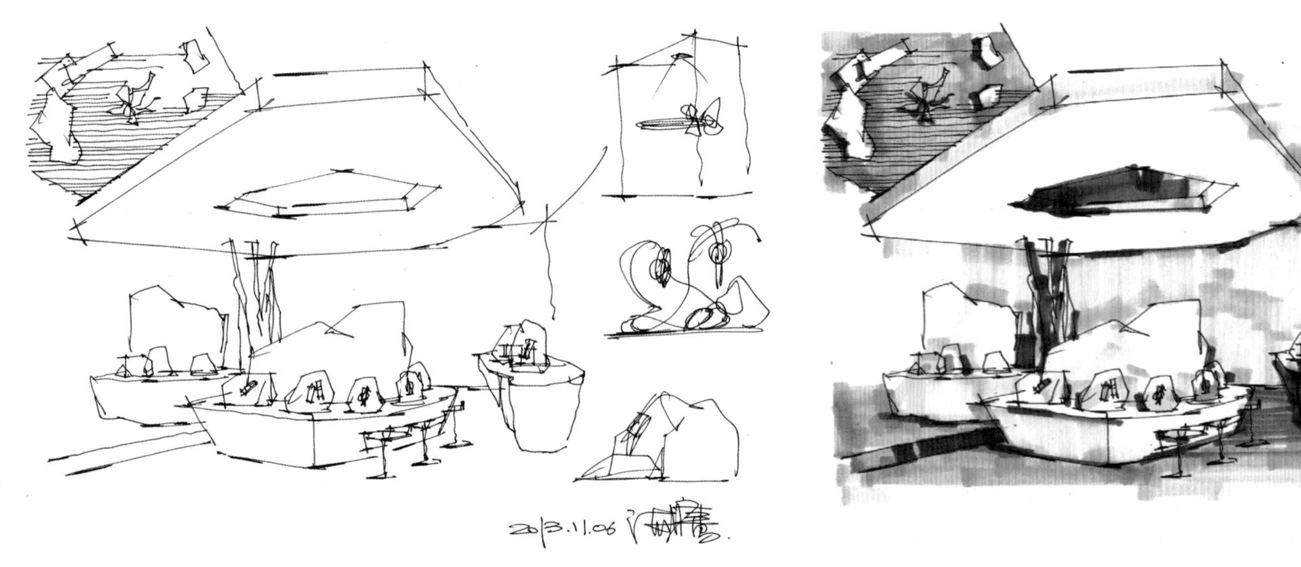

步骤一　　步骤二

场景二

步骤一

步骤二

范例4：为考研学生做的快题手绘示范，着重强调用笔干脆利落，设色简洁明快。

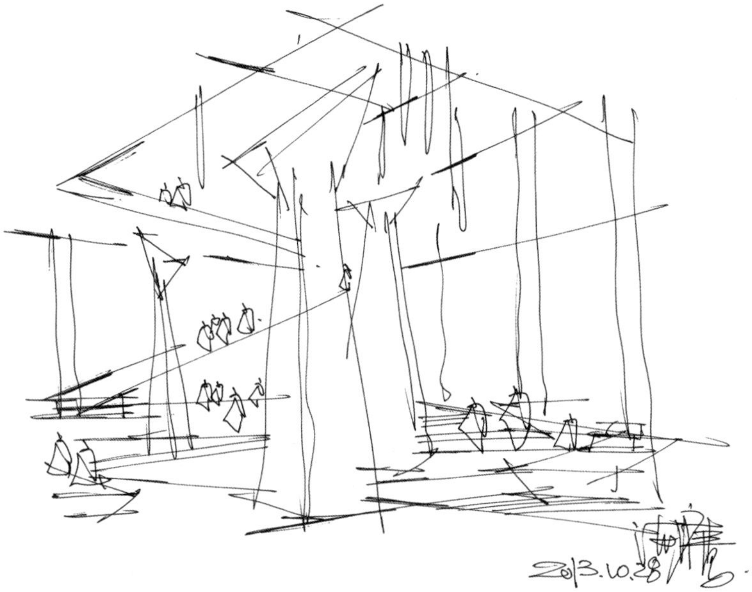

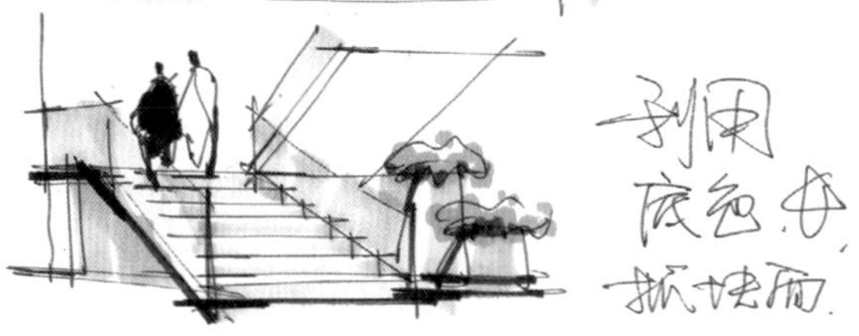

范例5：汽车场景专题示范

步骤一

步骤二

步骤三

步骤四

范例6：汽车销售展厅

步骤一

步骤二

步骤三

步骤四

范例7：图书馆、阅览室

场景一

步骤一　　　　步骤二

场景二

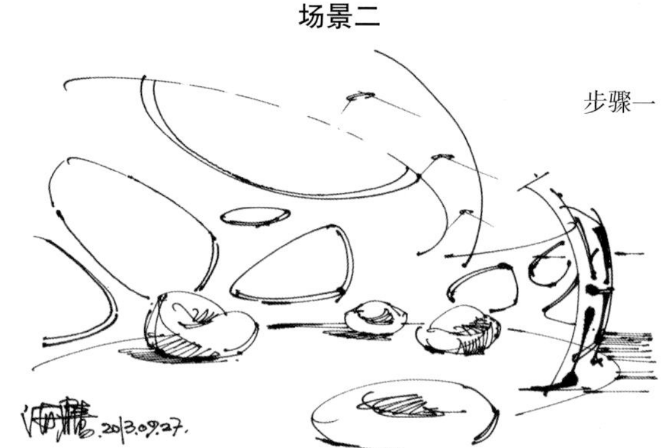

步骤一

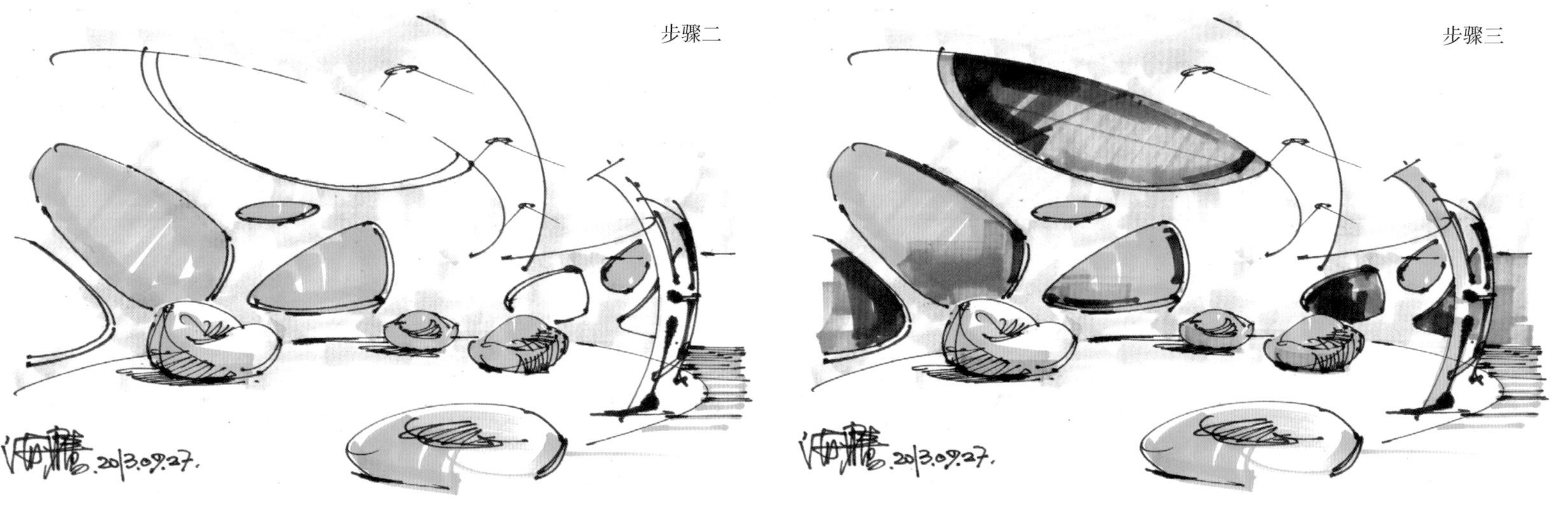

步骤二　　　　步骤三

场景构成要素练习

步骤一　　步骤二

步骤三

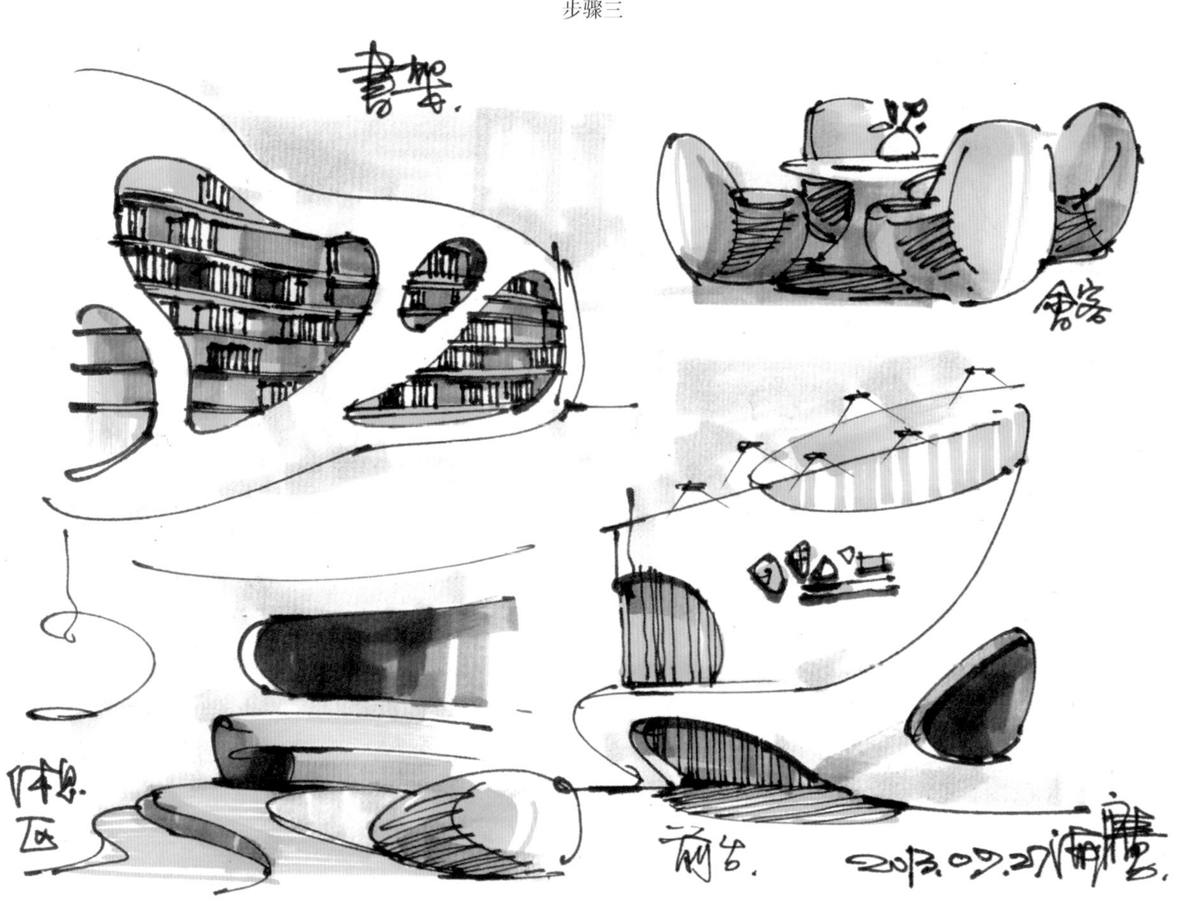

范例8：展馆场景手绘

场景一

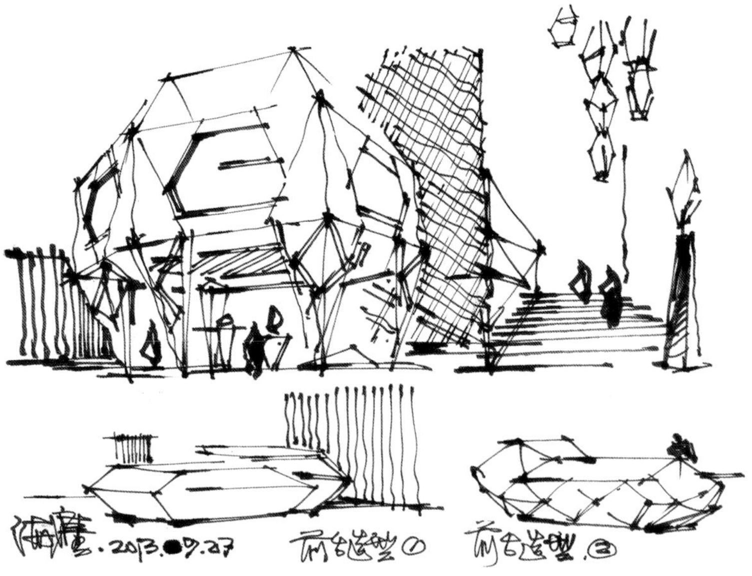

步骤一

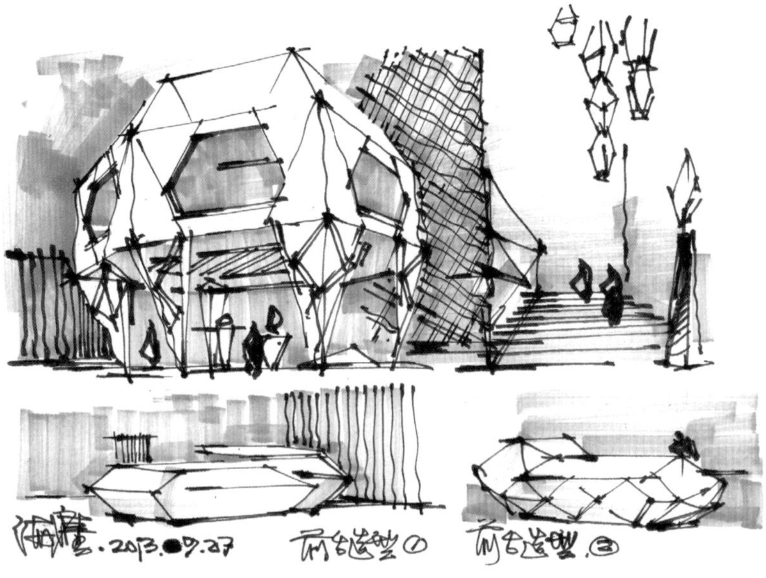

步骤二

步骤三

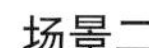

场景二

步骤一　　步骤二

场景三

步骤一　　步骤二

场景四

步骤一　　　　步骤二

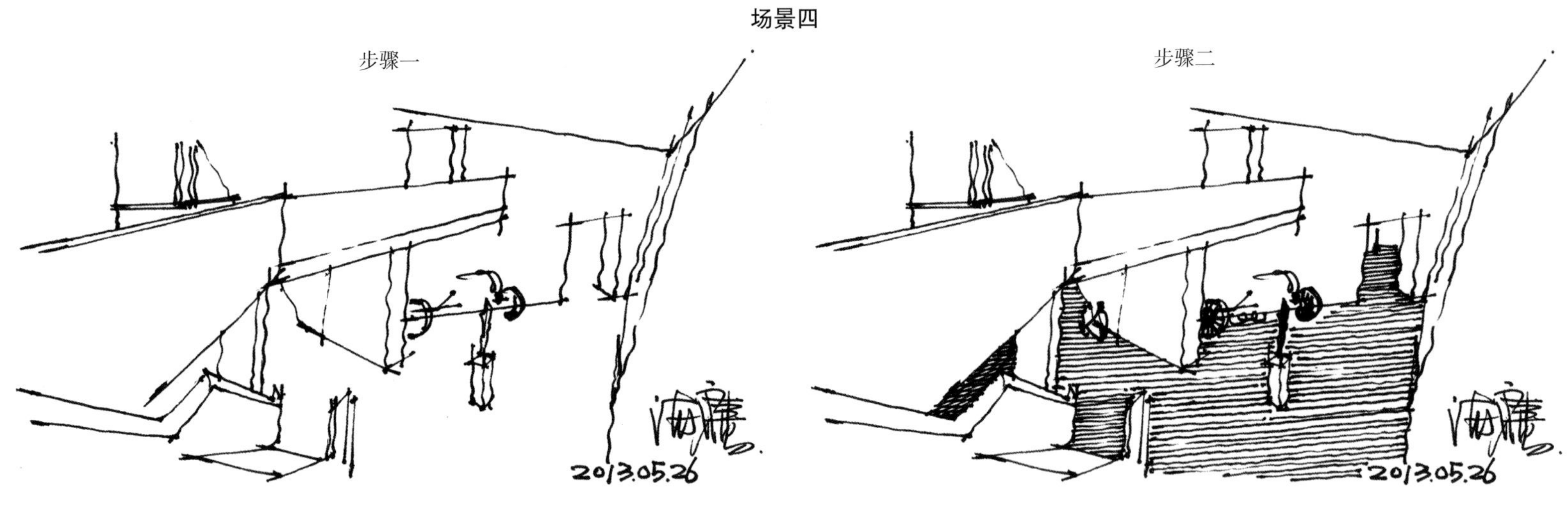

场景五

步骤一

步骤二

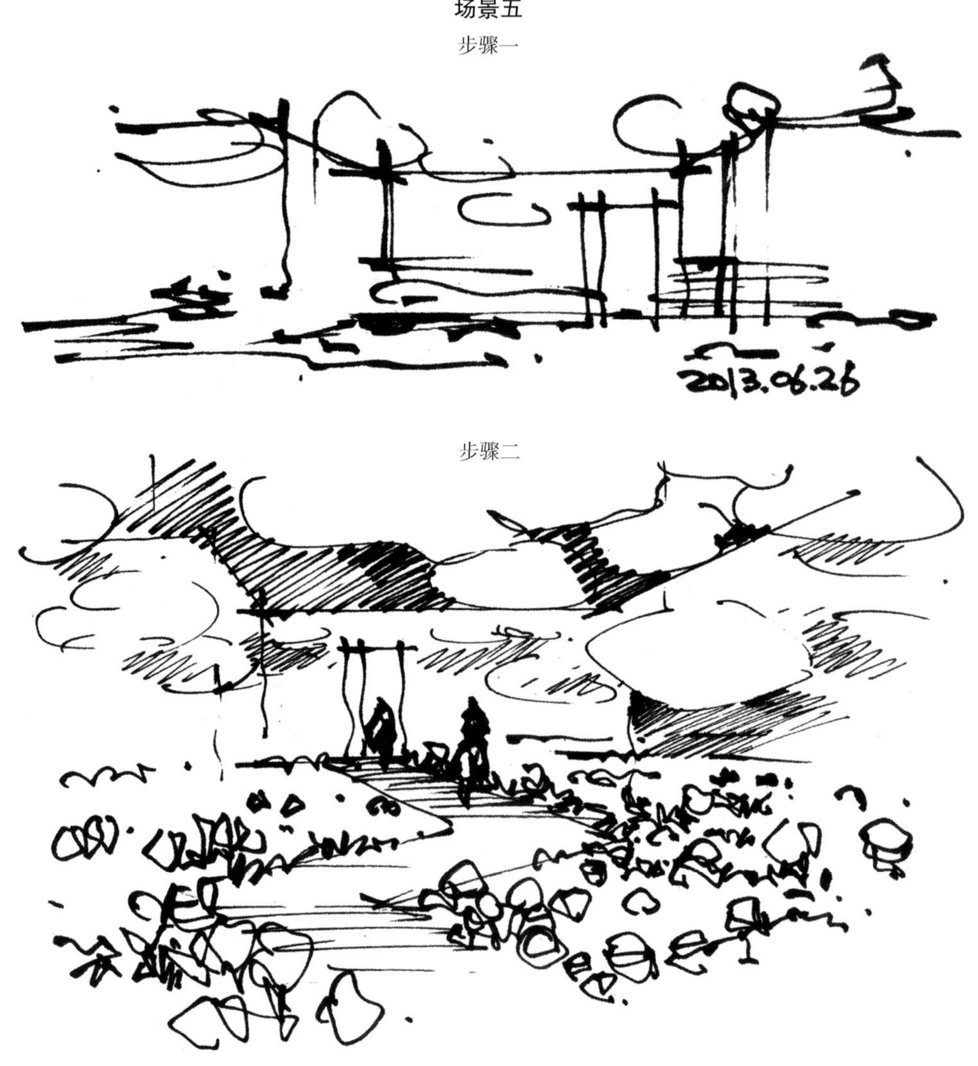

范例9：图左为橱柜家具展厅。图右为游戏产品展厅。

步骤一

步骤二

步骤三

步骤四

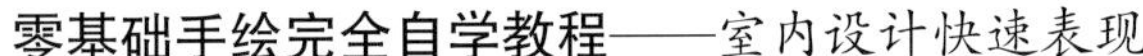

范例10：健身器材展示陈列

步骤一

步骤二

范例11：电子产品展厅，注意冷暖两种不同色调的演绎。

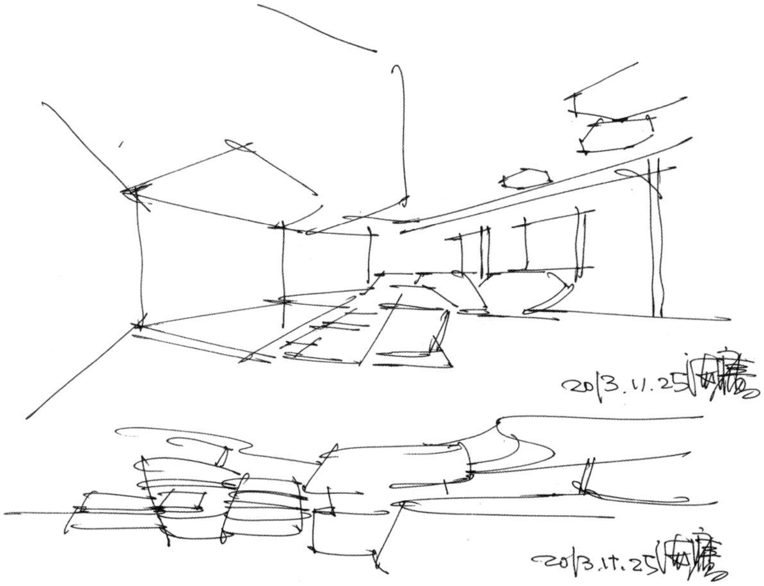

步骤一

步骤二

步骤三

范例12：展厅局部手绘步骤

局部场景一

步骤一

步骤二

局部场景二

步骤一

步骤二

2.2.6　空间细部

在空间细部的专题中，建议读者多关注一下不同楼梯的画法。

范例1：同一空间场景，繁简两种不同的处理手法。

范例2：造型丰富的走道

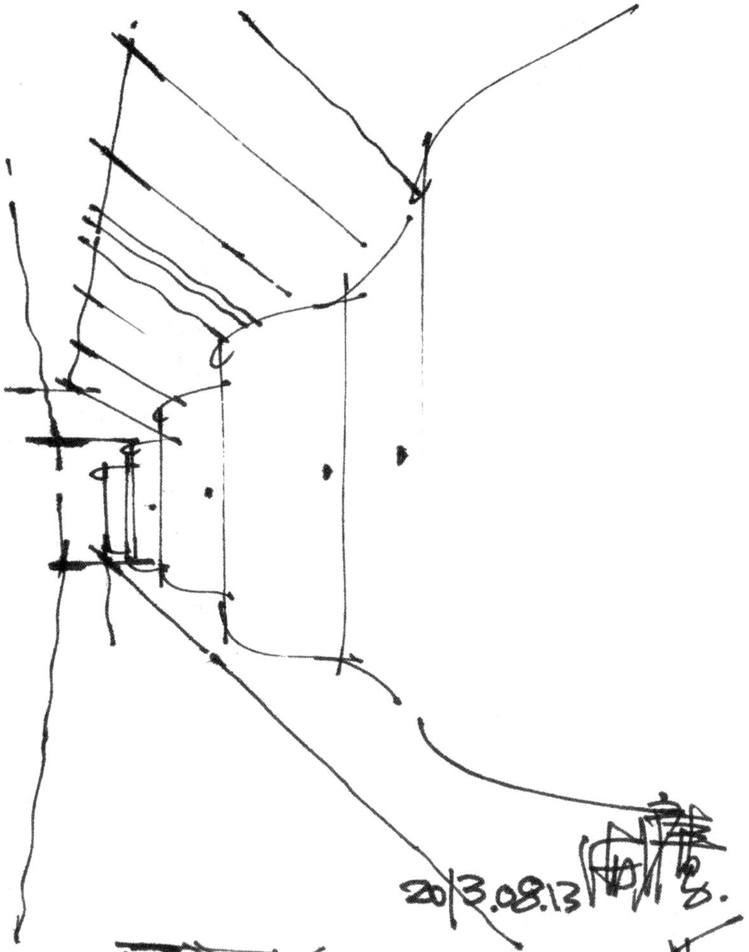

2013.08.13

2013.08.13

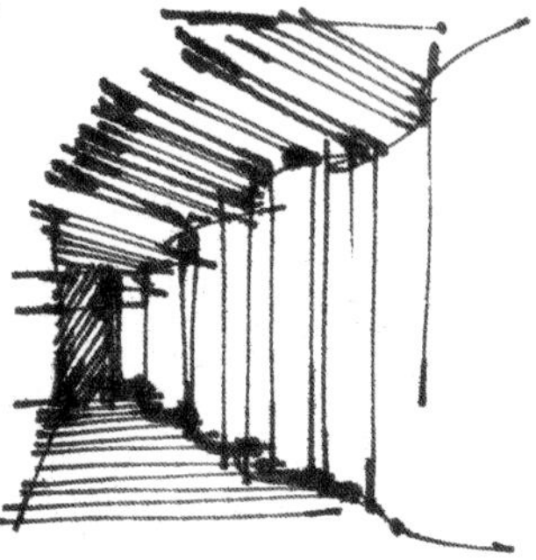

范例3：图左为带攀爬植物的旋转楼梯。

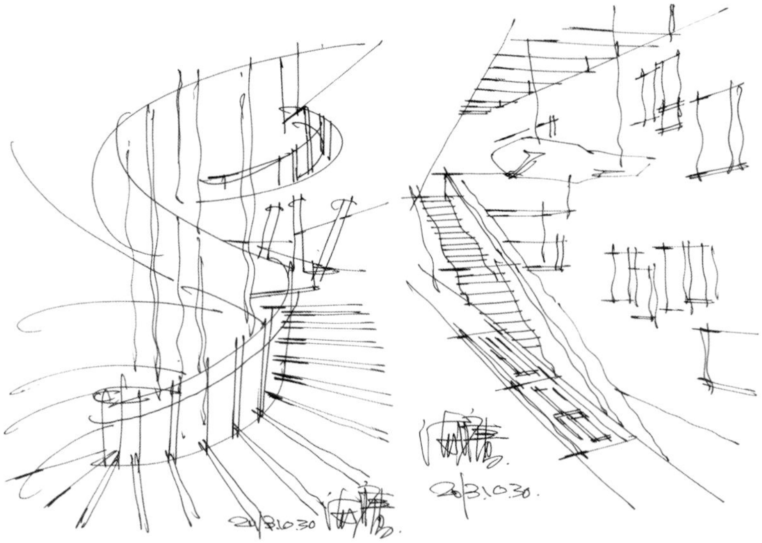

步骤一

步骤二

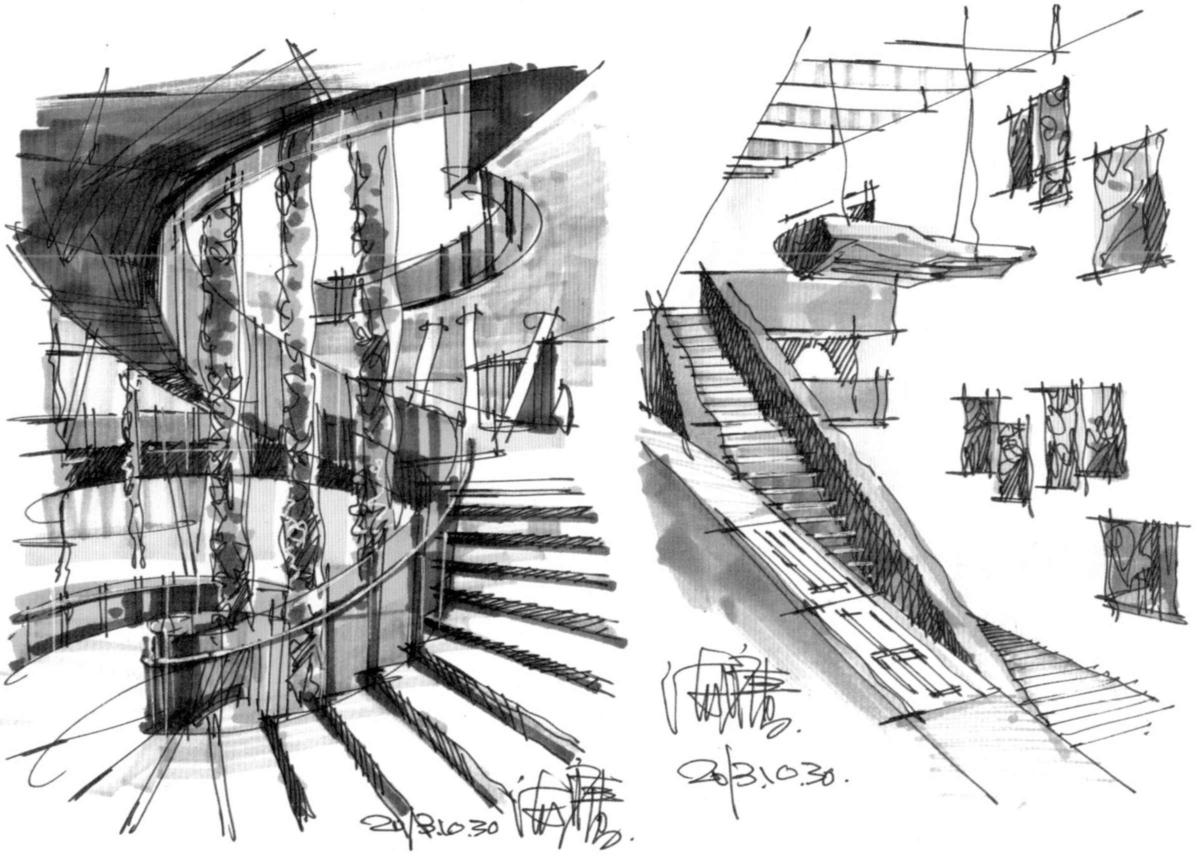

步骤三

范例4：照片临摹楼梯场景表现

范例5：同样是古典装饰风格，曲直两种不同线形元素表现的楼梯。

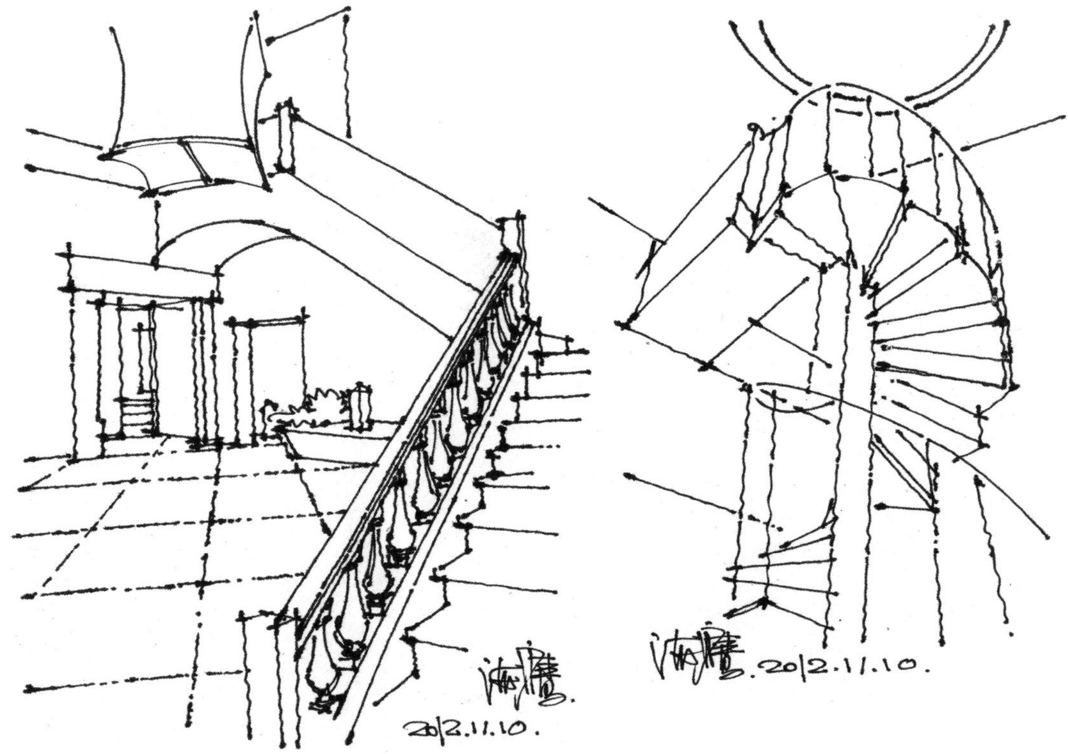

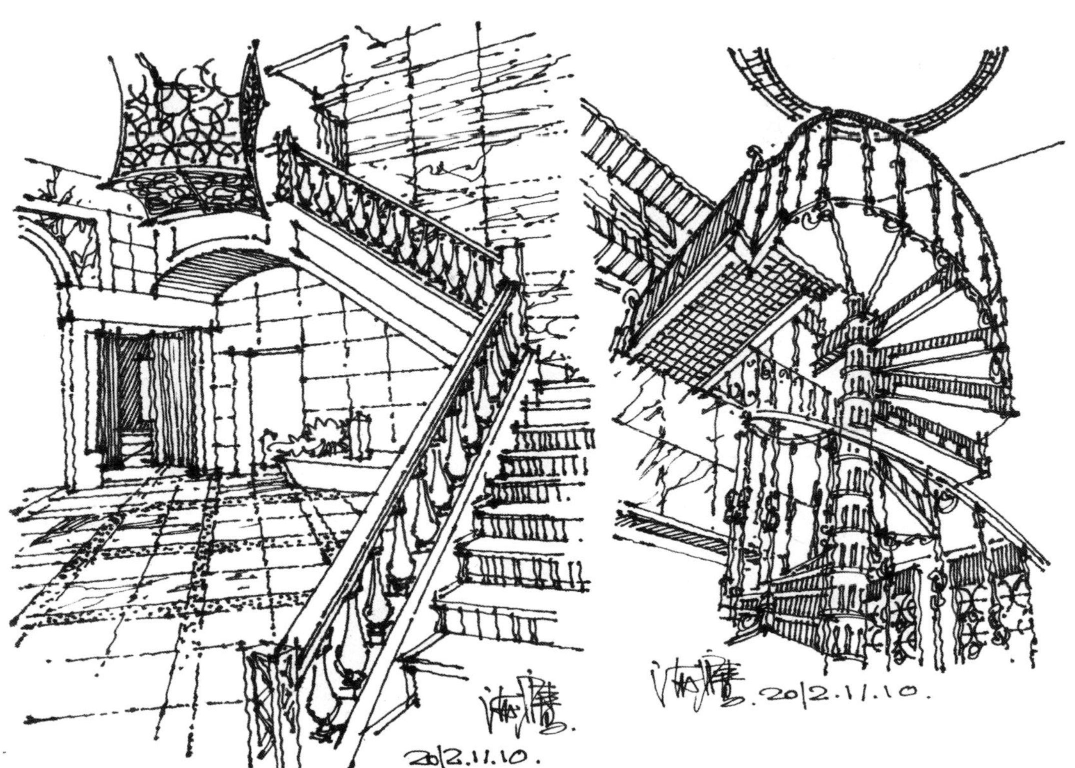

小Tip：楼梯的练习是检验徒手透视中视线与顶俯面关系的重要方式，需多加练习。

范例6：古典风格的天苔藻井手绘步骤

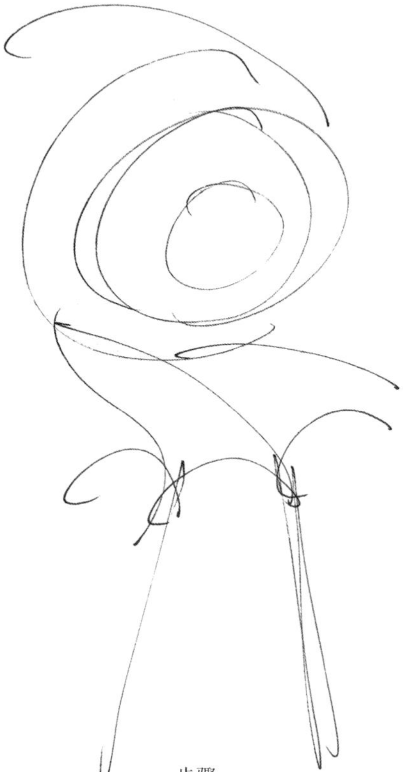

步骤一

步骤二

步骤三

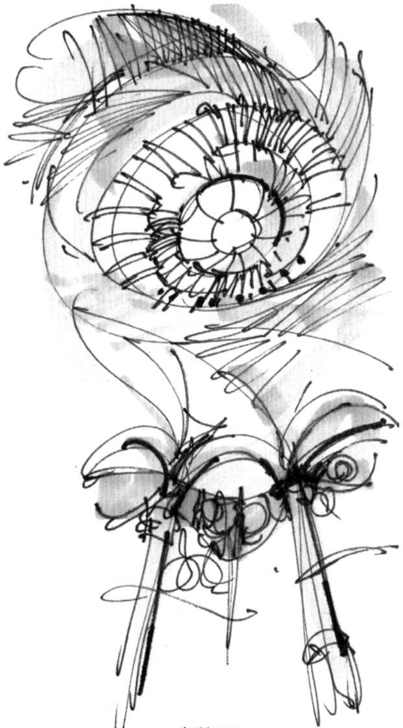

步骤四

步骤五

范例7：图左为商场中庭天桥过道。图右为教堂内外雕塑装饰。

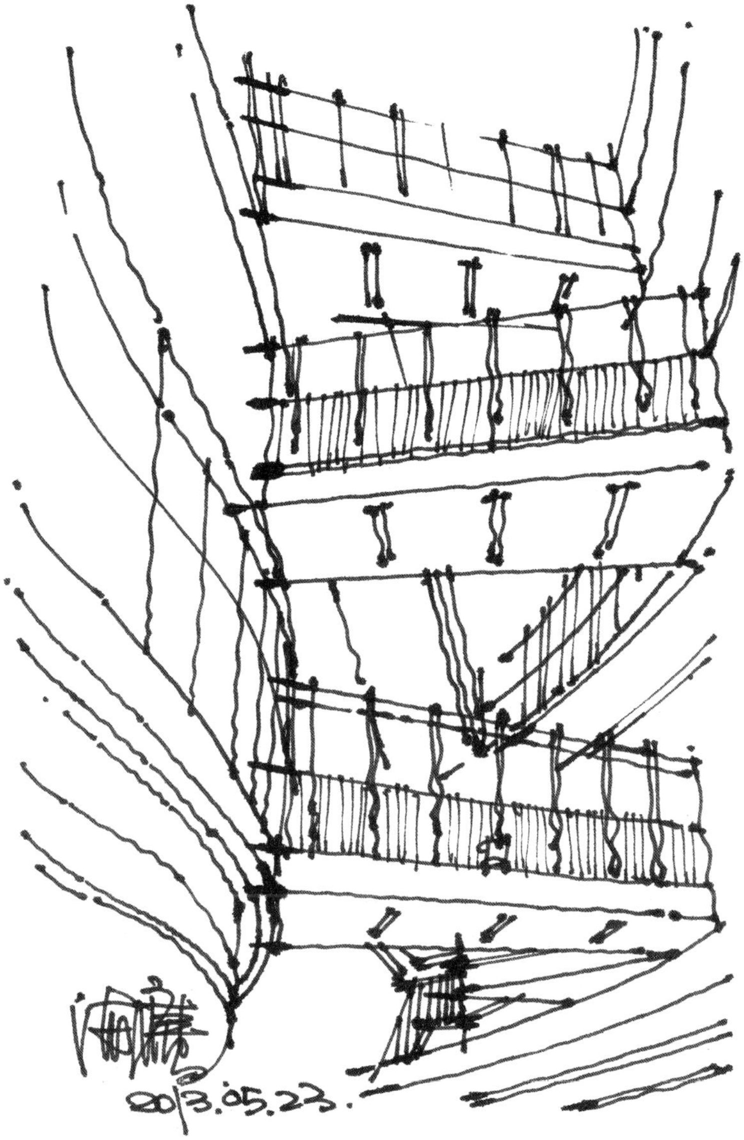

2.2.7 观展笔记

本部分为笔者参观迪奥精神展所作的视觉笔记，旨在帮助读者学会如何通过现场速写提高快速手绘的技巧。

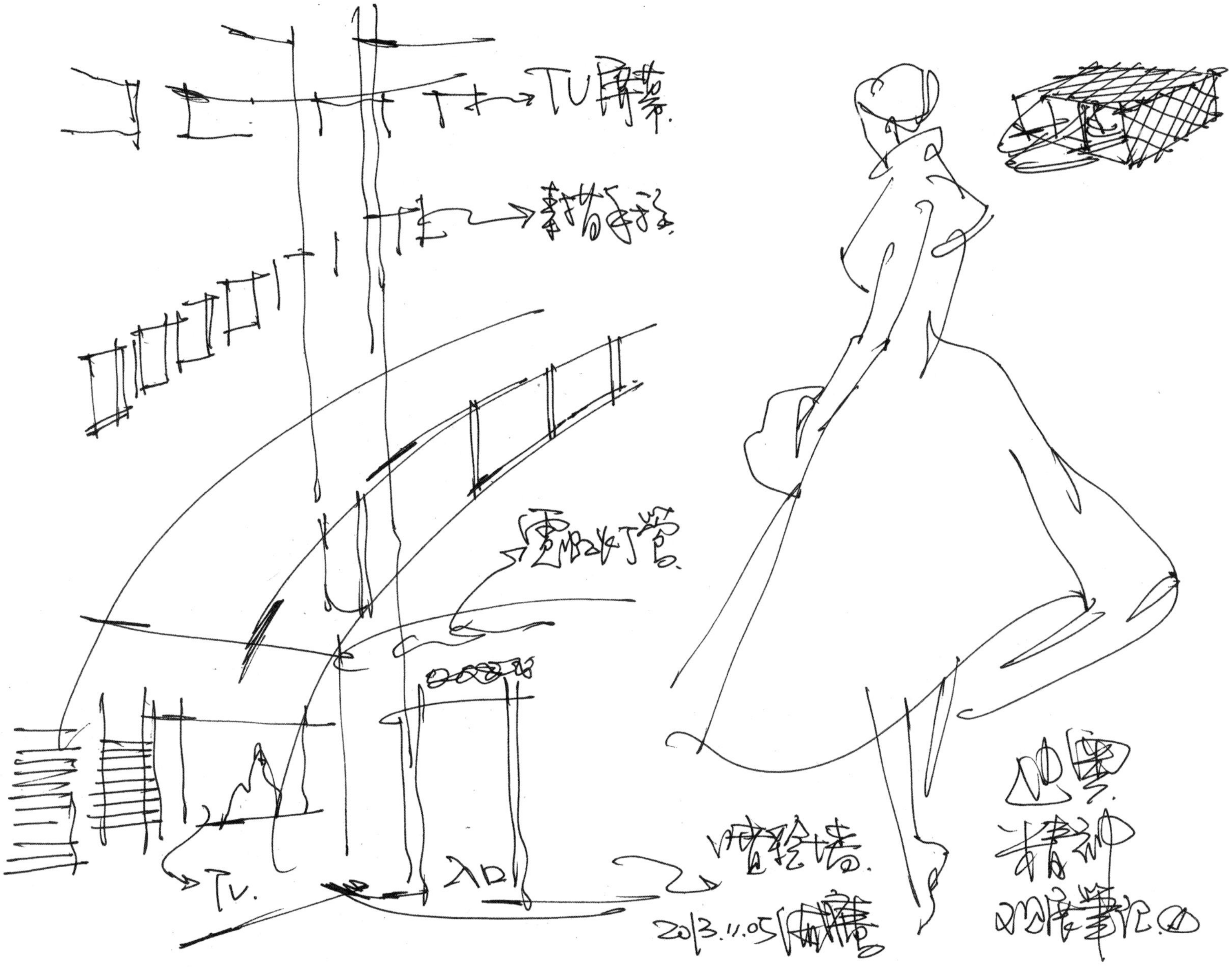

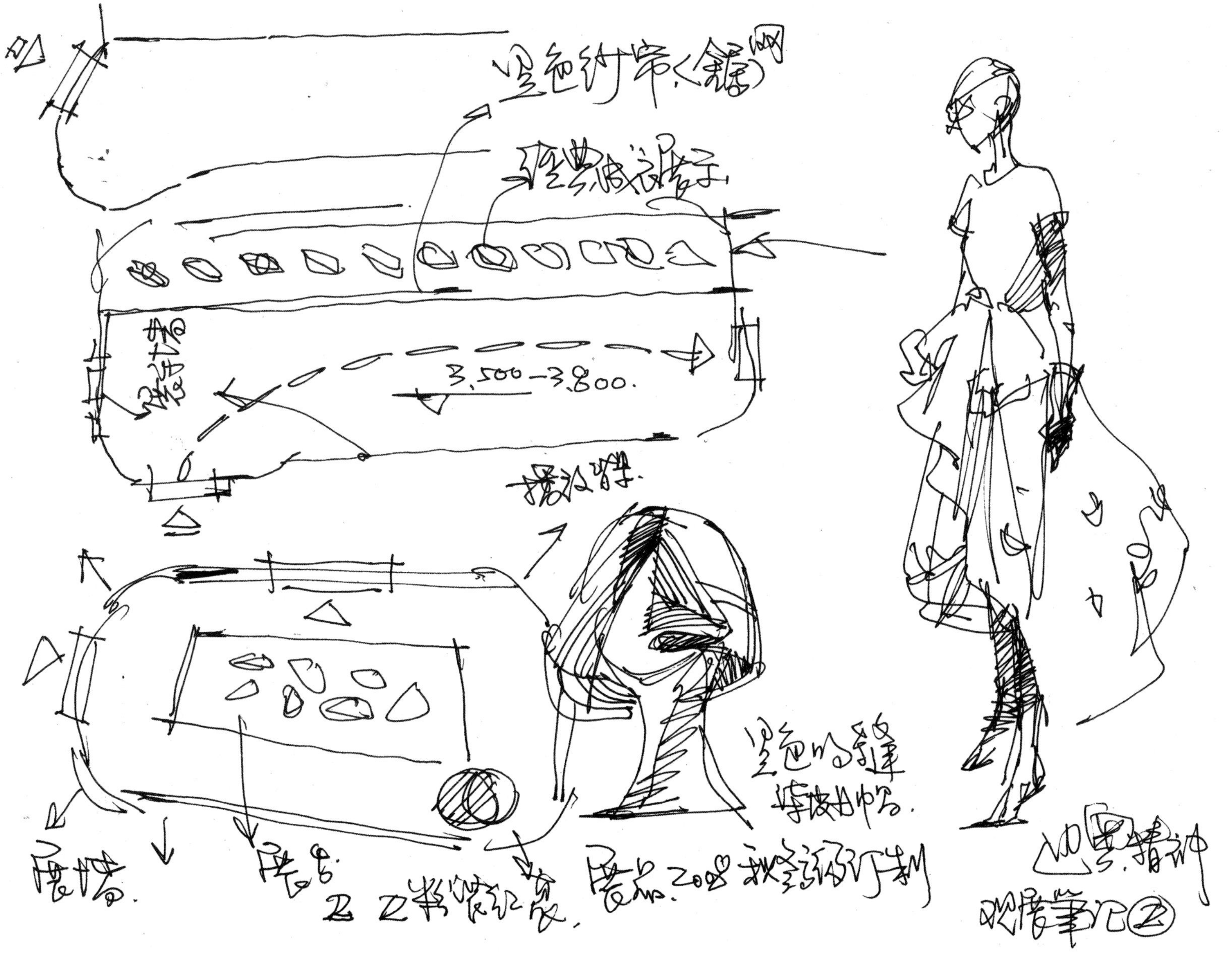

3,500—3,800.

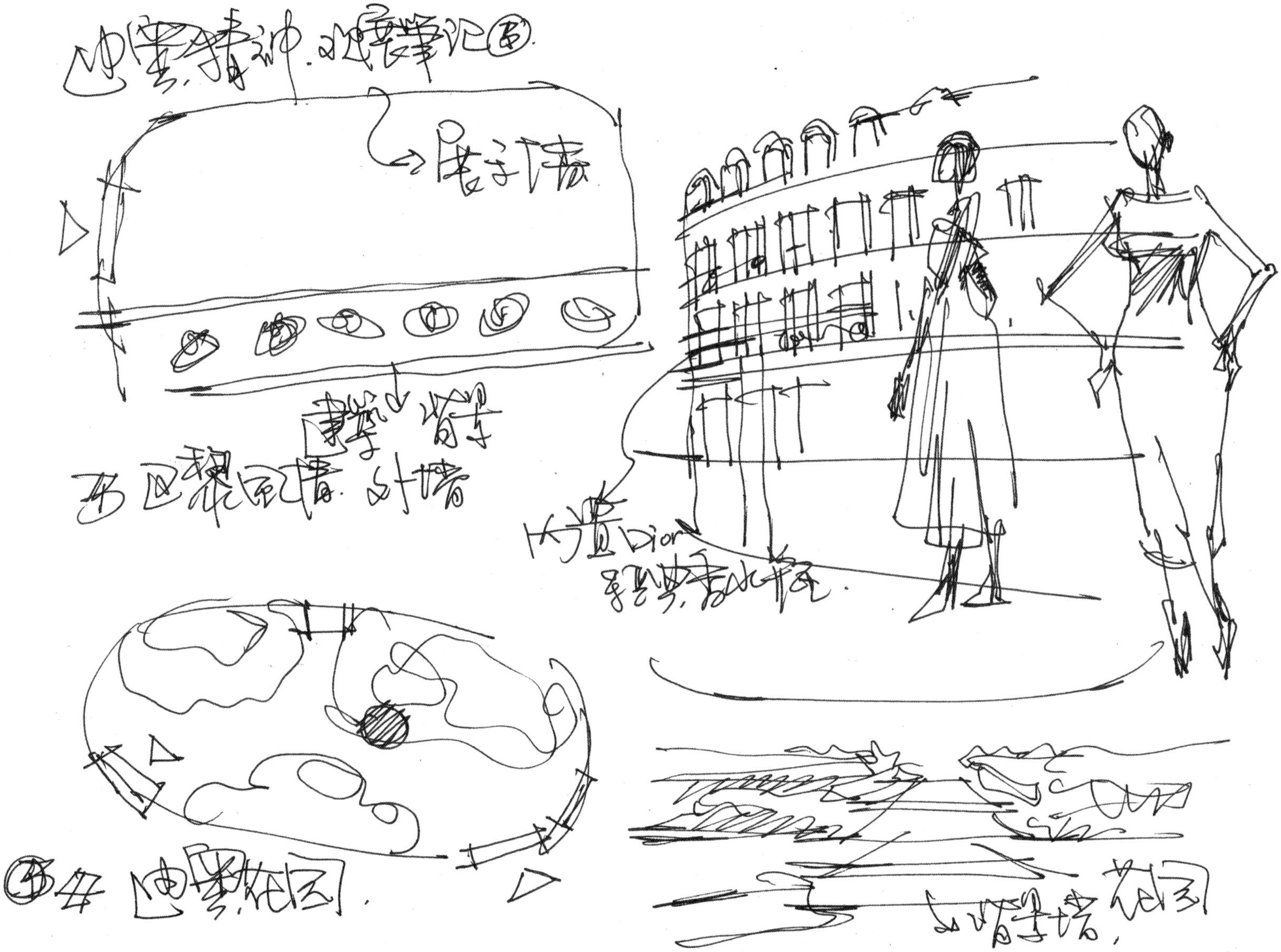

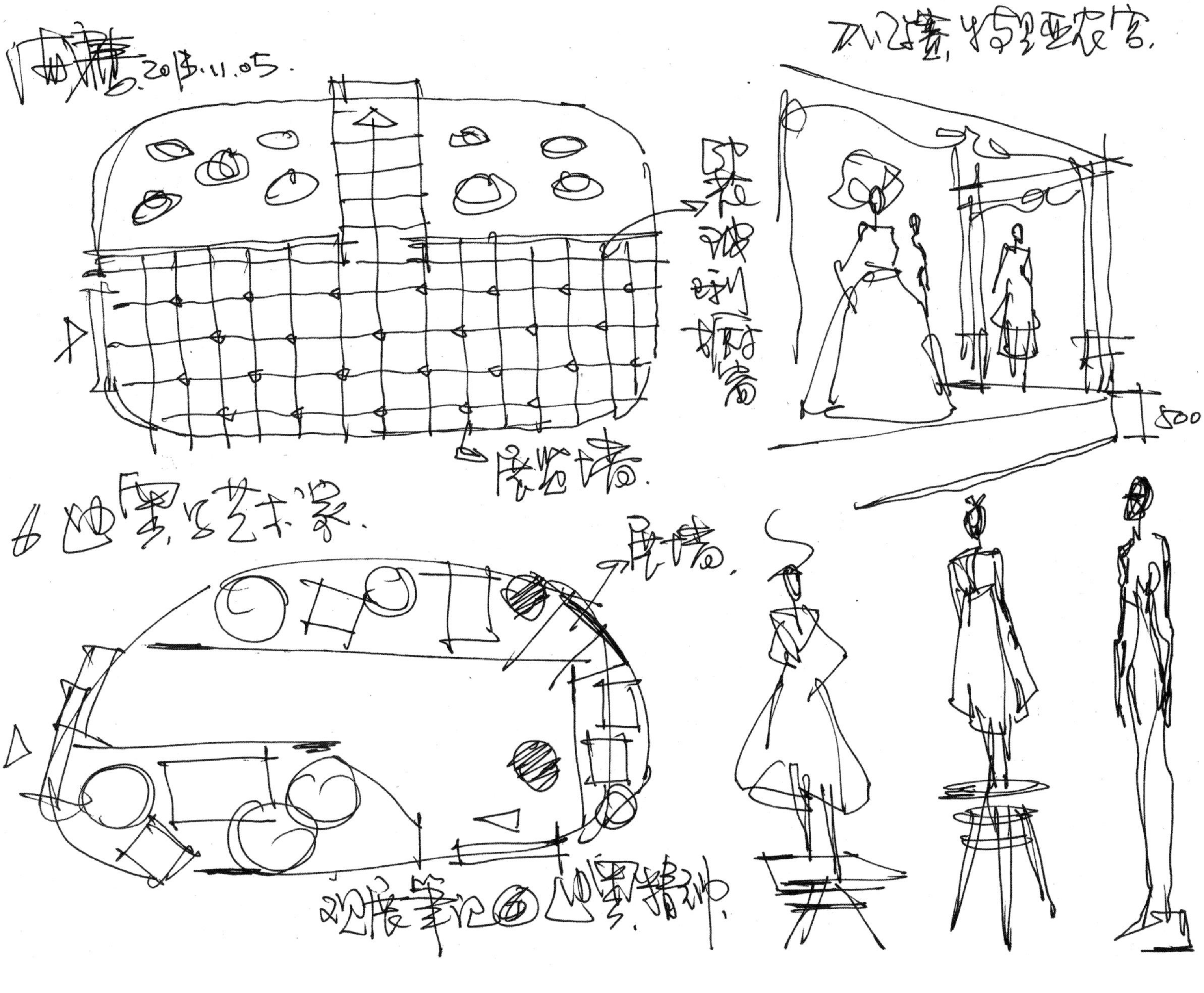

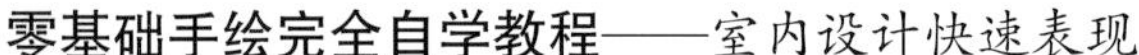

2.2.8 精细画法

本部分为给设计公司设计的2013年台历作品，一反平常的课间示范作品追求快速简约的画法，表现更加深入细致。

范例1：宴会厅

步骤一

步骤二

步骤三

步骤四

步骤五

完成稿

范例2：商务会议大厅

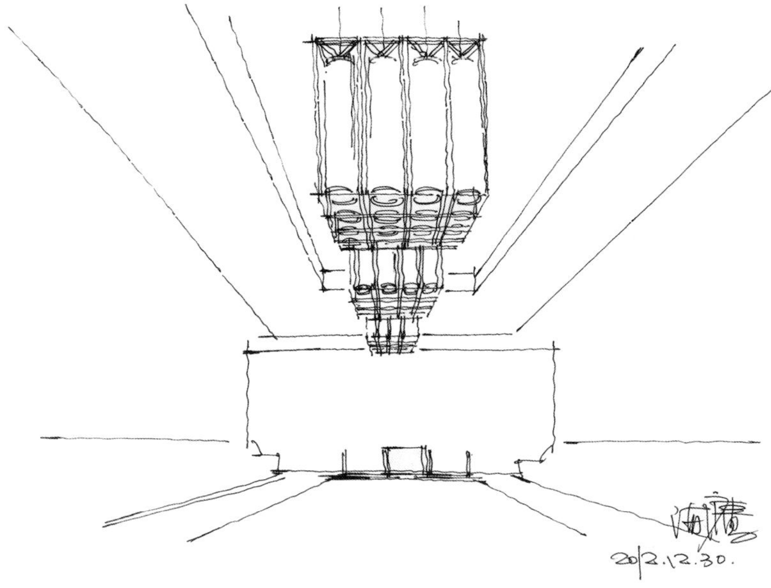

步骤一

步骤二

步骤三

步骤四

完成稿

范例3：酒店大堂

步骤一

步骤二

步骤三

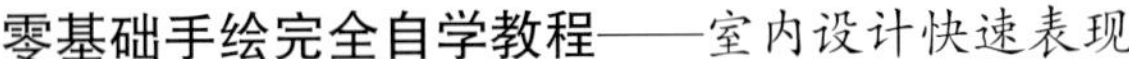

步骤四

完成稿

范例4：酒店入口大厅

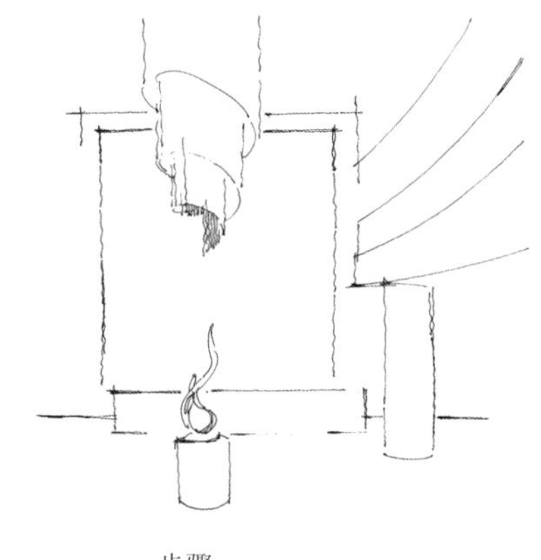

步骤一

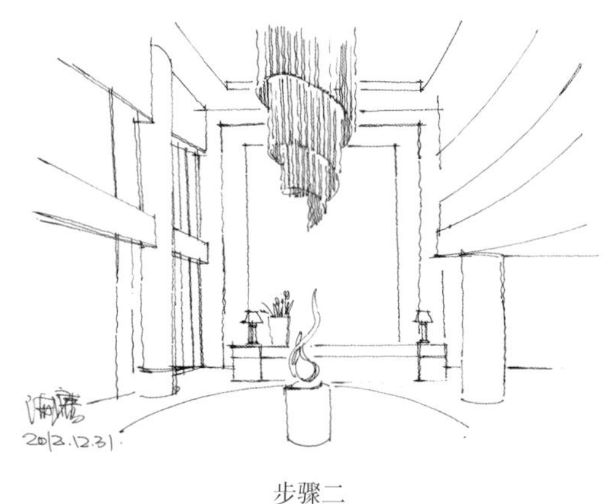

步骤二

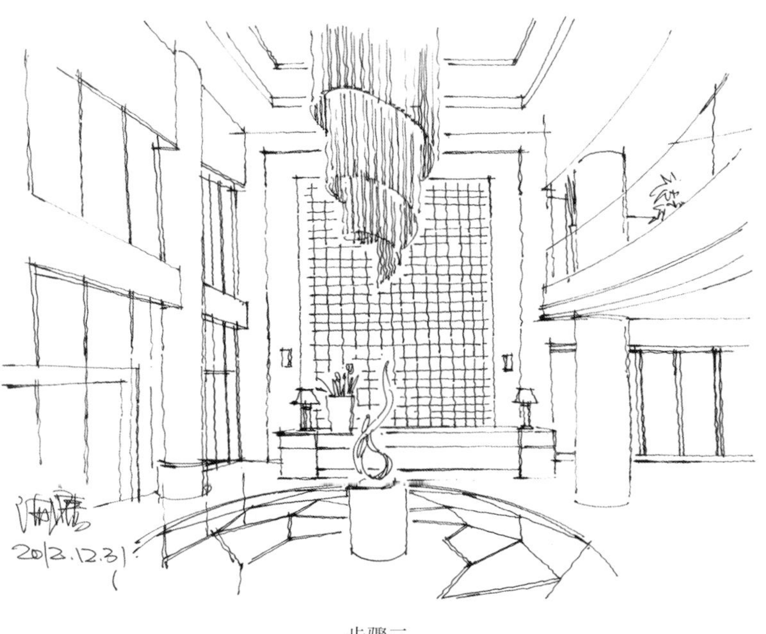

步骤三

步骤四

完成稿

范例5：商务会议发布厅

步骤一

步骤二

步骤三　　　　　　步骤四

完成稿

范例6：酒店酒吧区

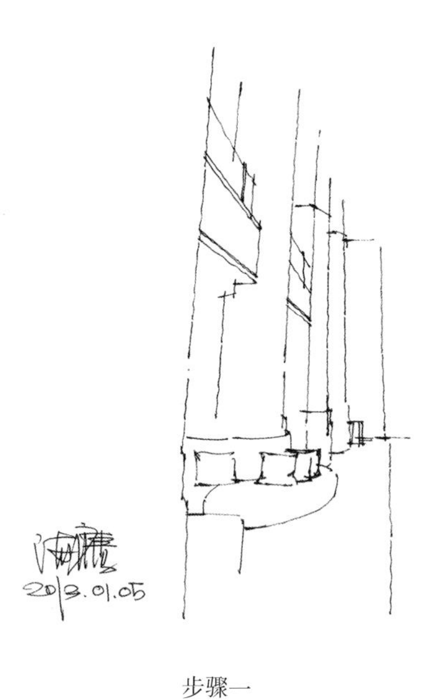

步骤一

步骤二

步骤三

步骤四

完成稿

范例7：商务酒吧

步骤一

步骤二

步骤三

完成稿